建 筑 之 美

[美]塔尔博特·福克纳·哈姆林 著

刘 芳 译

天津出版传媒集团

天津科学技术出版社

图书在版编目(CIP)数据

建筑之美 / (美) 塔尔博特·福克纳·哈姆林著；
刘芳译. -- 天津：天津科学技术出版社，2019.10
　　ISBN 978-7-5576-6041-3

　　Ⅰ.①建… Ⅱ.①塔… ②刘… Ⅲ.①建筑艺术
Ⅳ.①TU-8

中国版本图书馆 CIP 数据核字 (2019) 第 074018 号

建筑之美
JIANZHU ZHIMEI
责任编辑：张　婧

出版：天津出版传媒集团
　　　天津科学技术出版社
地址：天津市西康路 35 号
邮编：300051
电话：(022) 23332400
网址：www. tjkjcbs. com. cn
发行：新华书店经销
印刷：三河市华晨印务有限公司

开本　710×1000　1/16　　印张　13　　字数　130 000
2019 年 10 月第 1 版第 1 次印刷
定价：49.80 元

如对本书有意见和建议或本书有印装问题,请致电 010—50976448

序　言

　　感谢如下贵宾及机构对本人著书过程中给予的大力帮助：墨菲先生和达纳先生(Messrs. Murphy and Dana)，新哈佛大楼的建筑师；特雷西和斯沃特沃特先生(Messrs. Tracy and Swartwout)，密苏里州国会大厦阶梯设计者；埃德温 ·A· 帕克先生(Mr. Edwin A. Park)，封面设计者；吉纳维芙·哈姆林小姐(Miss Genevieve Hamlin)，卡纳克神庙门楼插图提供者；欧文·昂德希尔先生(Mr. Irving Underhill)宾夕法尼亚车站广场图片提供者；M. E. 休伊特女士和 F. R. 约翰斯顿小姐(Mrs. M. E. Hewitt and Miss F. R. Johnston)，纽约邮政大楼图片提供者；哥伦比亚大学建筑学院(the Columbia University School of Architecture)，该学院为本书提供了大量珍贵照片。

　　在此，本人向他们再次表示衷心的感谢。

目录

第一章
建筑艺术的魅力

随着时间的飞速流逝，美国传统的大众艺术与人们的实际生活渐行渐远。人们通过对古老文化的传承和借鉴变得更加成熟和睿智，音乐、绘画、雕塑和文学带给人们一种真正的快乐。然而，有一种艺术瑰宝，它悄然地存在于人们的日常生活中，人们却极少能察觉到它，它就是人们居住的房屋。我们称这种艺术瑰宝为"建筑艺术"。

当人们逐渐以一种崭新的眼光来欣赏建筑物的时候，建筑艺术研究领域的一片空白就更加显得不合时宜了。一座城市不再像灰暗的监狱一般，将人们阻挡于自然的光芒之下，而更像是一部宏伟的巨著，书写着各个民族的民族精神、奋斗历史。建筑艺术的发展过程是人类不断追求美的历程。建筑物也不再是一堆冰冷的石砖瓦砾和钢筋水泥，人们可以赋予它充满活力的美，也可以通过变换窗户、房门、房柱的造型来表现一种造型美或是表达人们心中的愿望，就像是在听一场激动人心的交响乐演奏。

建筑艺术，是人们可以随时随地进行欣赏的艺术。欣赏音乐，人们最好选择去音乐厅或歌剧院；欣赏文学，人们必须阅读并且是广泛地阅读；画作和雕塑一般被展示在博物馆和美术馆里，所以人们欣赏画作的雕塑要做好外出的准备。而欣赏建筑，就相对简单得多，它们时时刻刻围绕在人们身边。我们居住的房子、工作的地方都有可能是建筑艺术品。我们大部分日常生活都在房子里进行，然而当我们经过一座漂亮的建筑物的时候，又有多少人能够驻足欣赏它的美，感受到它给人们带来的快乐？又有多少人愿意抽出一些时间来想一想围绕在我们身边的建筑物是否美观？它们的建筑艺术价值又在哪里？无论走到哪里，人们都希望建筑物变得更美观、更漂亮，即使是很小的改善，也能使人们踏进建筑艺术领域，一个能够丰富我们生活的全新领域。

建筑是一门艺术，任何艺术都会给我们带来愉悦的享受，否则它就是一门不健全、有缺陷的艺术。然而建筑作为一门艺术给我们带来的巨大艺术享受，我们却毫无觉察。因为在我们整个意识存在的过程中，建筑艺术一直悄然无声地贴近我们的生活，我们才会对它如此视而不见。我们总是忘记它是一门艺术，是因为我们必须有房屋居住，它与我们如影随形，我们太容易把它们看作是永恒不变的事物。因此我们头脑中的建筑艺术的概念有些模糊，我们能从法国大教堂、意大利宫殿或希腊神庙中感受到很多的建筑艺术美，为什么不能从纽约、芝加哥街道或韦斯切斯特郊区（美国纽约州的县，富人聚居区）这些普通平凡的建筑中感受到同样的美呢？这些固化的思想深深地禁锢了我们的思维，蒙蔽了我们的双眼，让我们忽略了周遭平凡、普通的建筑艺术带给我们的美的感受。

其实，大部分人已经发现了建筑的美，而不了解它的人们，也许会转身离开，心中从未真正留心或在意过它。那些开始关注建筑艺术的人，现在也只能隐隐地感觉到它，并且只是把它作为某种微妙的事物开始接受，但是我们从来没有试图去探究我们之所以选择走某些街道，而习惯性地避开其他道路的原因。对于这些问题我们没有什么好奇心，但我们可以确信，如果这种模糊不清的感觉是真实存在并值得思考的，它就不会像花朵那样禁不起研究分析就凋零了。相反,更确切地说,当我们仔细审视它的时候,它一定正以各种生动灿烂的新方式,呈现在我们的面前。

那么,建筑艺术的鉴赏乐趣在哪里呢?其一,正如任何美丽的事物一样,它能够给人们带来一种贴心、温暖的快乐感受。我们置身其中,美丽的建筑抚慰着人们的心灵,鼓舞着人们工作和生活的热情。其二,它能够给人们带来一种满足感,犹如教师在他的讲堂上、机械工程师在他的机车上或是水手在他的船上的那种满足感。其三,它总是能够完美地展示出它所处的时代背景,如果被正确地诠释,其不仅能够展现出那个时代的艺术技巧,还可以反映出那个时代的宗教情况、政府情况,甚至是当时的社会经济、政治情况。其四,它能够给人们带来一种对情感基调特有的感知,比如人们对盔甲的力量的感知,或者人们对一间好的咖啡馆的轻松和活泼的感知,人们的这两种感知有它们不同的情感基调。最后,最好的建筑艺术能够给人们带来真正的鼓舞和艺术灵感,它是一种令人敬畏的、安详的、平静的感觉,一种荣耀,而这种感觉只有在那些非常宏伟的建筑面前才会出现。

当一个人走在大街上,观察着周边的建筑物的时候,所有的乐趣以及所产生的更深层次的东西都会悄然呈现出来,甚至是一个人对建筑的理论认知。比如,在当时的时代背景下,人们是如何努力完成它的;它是如何被使用的;它又是处在何种法律下被使用的。我们获得的这些知识所花费的时间成本和学习成本都是微不足道的,但是对于我们研究建筑艺术来说,我们最终获得的这些知识,给我们提供了巨大的优势。通过考究这些乐趣,我们就能更清晰、更准确地了解建筑是什么,以及我们如何才能够自如地运用这些知识,最大限度地感受建筑艺术的魅力。

我们所提到的第一种赏析建筑艺术的乐趣,就是呈现在我们面前的建筑之美。这是最难分析的问题之一,因为它的意义非常深刻,又深入人类的心理学，我们只能通过类比来举例说明。抛开像音乐、绘画或诗歌的那些学术内容，这种纯粹的建筑之美，与纯粹的音乐、绘画或诗歌之美是十分相似的。建筑之美是一种感官的享受，但对受过教育的人来说，它又拓展到人类感官基础之上的精神享受范畴。建筑之美是一种节奏、平衡和形式美感的综合体。这种美来自人们对各种事物的感性认识，它天生就能很自然地满足人类的美学法则，这几乎是被人们普遍认可的事实。建筑艺术与建筑风格无关，与艺术评论家的批评也无关。在观看巴特农神庙、亚眠大教堂或华盛顿国会大厦时，人们只是感受到了建筑之美的神奇。在殖民地的农舍里，人们只会瑟瑟发抖；而在一座大教堂里，人们会感受到庄严肃静。如果人们想感受到表现着现代主义艺术家气息的一部音乐作品，可以去听巴赫的赋格曲；如果人们想感受到表现着分离主义者气息的画作，可以去欣赏丁托列托（意大利威尼斯画派著名画家）的享有盛名的艺术作品，或者是鲁本斯（佛兰德斯画家，早期巴洛克艺术杰出代表）充满炽热颜色的作品。所有的艺术之美是一种普遍存在的乐趣和享受，每一个正常的人都有能力去感受艺术产生的魅力，这是人们与生俱来的，它总是被人们的需求所激发，而这种需求就是人们头脑中不断渴求的。人们的这种渴求得以满足，便成为所有艺术愉悦的基础。因此，人们至少要了解这些需求的本质，才能对建筑有真正意义的欣赏。

建筑艺术给我们带来的第二种乐趣和声音，是来自于这样的一种感觉：一座建筑与其实际用途能够完全吻合。如果一座房屋被建造得非常漂亮，但它的构造使屋子里充斥着厨房里的烹饪异味，那么任何人都会感到不悦；如果一座剧院被建造得非常华丽、色彩斑斓，但人们在里面无法听到任何美妙的回响，那么人们还是会感到不悦；如果一座市政大楼被建造得非常壮观，但人们在寻找每个办公厅时都要走很长的路，并且还要通过许多曲折又隐蔽的走廊的话，人们也一定会在某个时刻感到不悦。在诸如此类的建筑中,建筑师是失败的,起码是有部分的失败,且他的失败和建筑展现的实际效果一样让人恼火。下面介绍一下其他的建筑与实际用途相结合的例子。在图书馆里,建筑本身的外观会令人感到柔和、舒缓,其内部结构会体现出每一个部分的用处;在车站里,进口处可以清晰、明了地通向候车室,候车室再通向售票处,最后售票处直通火车站台。如果一座桥梁的每块石头、每根大梁,甚至每个细小的螺丝钉都能完美地契合于桥梁之中,那么,人们势必会产生舒适感和满足感。人们对一座建筑物的满足感和舒适感,恰恰说明了建筑师的设计取得了巨大的成功,建筑师成功地运用了最经济的、最好的方式,完美地解决了使用者的实际需求。一名优秀的建筑师之所以优秀,也正是基于他能够细心处理好每一处建筑细节,能满足人们复杂生活中的实际需求。

建筑既是一门艺术,也是一门学科。建筑师不仅要将建筑物建造得美观、漂亮,还要保证建筑物坚固、耐用、高效,能不受天气变化的影响,而且要符合建造这些建筑物的最终实际用途。因此,一座优秀的建筑一定要构思明确且实用性强。建筑艺术不仅是一座教堂、一座坟墓或一座纪念碑,也是我们生活中的一门艺术,它影响着我们的日常生活。我们的房屋要尽可能地使用便利且宽敞;我们的办公大楼必须是高利用率的,尽可能拥有最大的使用空间,而且像电梯、卫生间等必要的设备必须配备齐全;我们的工厂厂房必须要空气流通、充满阳光,并且要尽可能地减少噪音和振动;我们设计的剧院,一定要使每个座位上的人都可以无遮挡地看到剧院中央的舞台,没有明显的回声或回响来破坏音质效果,而且在有意外事故发生的时候,剧院要有快速逃生的专门通道,以确保民众的人身财产安全。

当人们仔细考虑以上这些要点甚至更多内容的时候(比如所有的管道设计、取暖设备、电线布局、通风设备以及钢柱房梁的构造设计),人们就会完全相信,建筑艺术是一门既深奥又超凡脱俗的艺术。的确,建筑艺术是所有艺术类别中与人们实际生活最紧密相关的一门艺术。建筑师们必须要保持冷静的头脑、清晰的思维，小心谨慎地建造出能满足人们生产生活所必需的各类建筑物。比如，住宅建筑、商店、火车站、工厂、剧院和教堂等，而且要确保这些建筑物能科学、有效、便利地为人们提供服务，最后还要做到赏心悦目的效果。

优秀的建筑物通常包含四种重要的因素：实用性、美观性、科学性和艺术性。伟大的建筑师一定既是一名建筑工程师，又是一名建筑梦想家。的确，正是由于建筑的这几种因素不断地相互作用，建筑才产生了其独特的艺术价值。一位建筑师，如果他心中只是带着美学的理念，准备把建筑物设计成一种瘦薄、精巧的形态，或者设计成一种跨时代的雄伟、壮丽的形态，又或者设计成其他某种同样奇妙、非同凡响的形态。那么，当这样一位建筑师真正来实际设计一座建筑时，他马上就会遇到一大堆的问题。比如，那些极其现代化的必需品的需求如何融入他的美学理念，以至于最后他还是必须要符合现代化的要求，要表现出他所处的时代和所在国家的建筑要求。

让我们来看看这几种因素，在曼哈顿岛下游，那些混乱、拥挤的建筑群之间相互作用的结果。这里有简单的、方形的、带许多窗户的房屋，它们看起来异常的丑陋；有花岗岩建造的高贵而威严的银行大楼；有一些可爱的、精雕细刻的雕像的高大塔楼；还有一些是长而尖的，像大钉子一般的哥特式尖塔；有一些塔楼更夸张，带有巨大的柱子和陡峭的飞檐；除此之外，在巨大的商业建筑周围，还聚集着许多低矮、昏暗、破旧的公寓住所，到处是阴暗、毫无生气的景象。每一座建筑都是一个复杂的个体，它涵盖了我们日常生活的方方面面，并且需要不断地为我们提供高效的服务；每一座建筑的形态和特征，都是由我们多样文化的需求决定的，看看那些设计大胆、高耸入云的高塔，其诠释的是我们整个国家的民族精神。我们现在的装饰建筑主题的方式都是从过去的历史中借鉴过来的。

比如某些建筑物,其窗户的格子是沿用了法国的哥特式花边;有的建筑物是沿用了古希腊和罗马的庄严宏伟的石柱造型;还有埃及的金字塔,有些金字塔被雾蒙蒙的蒸汽所笼罩,犹如巍然屹立于空中一般。所有这一切,都充分地表达了一个国家、一个民族的概貌,即它年轻、旺盛的生命力,不堪的过去;它对财富炫耀的尊崇,它新兴的理想主义;它的混沌、它的恶行过错、它的感伤。在一个秋天的傍晚,白色的高塔,在夕阳余晖的映衬下,泛着淡粉色的、朦胧的光,房屋的窗户里闪耀着万家灯火,与十月的城市里笼罩着的紫色雾霭,形成了一片祥和而又绚丽的画面。这种美不仅仅来自自然界,也来自我们建筑师精巧的设计和高超的建造技术。

更重要的一点是,这些建筑物几乎完全属于一种或几种商业建筑的类型。因此,它们不会被设计成不着边际的、幻想而又狂野的造型,它们的美扎根于我们每天的真实生活中。人们不会花费巨资建造一座华而不实的建筑物,那些花了大价钱来建造这些建筑物的人,是因为看到了它们的经济效益,否则他们也不会把数百万巨额资金投入其中。事实上,这些雄伟建筑之所以具有独特之美,是因为这些建筑物的整个形态,直接满足了我们日常活动中的某种特定需求。换句话说,建筑艺术独特的特性是由建筑的这种双重因素所决定的。建筑师建造一座建筑物,目的是使其尽可能高效地发挥它的使用功能,但这点限定了建筑物的大体形态规则,然后建筑师们在这个大体形态的基础之上,再以美学理念来装饰建筑物的外观,让它们看起来美丽而又充满艺术感。

前面提到的曼哈顿岛下游的那些建筑物,正是由以上这两种因素的结合而得来的,这些建筑物的造型在让人们感到匪夷所思的同时,其实也表现了美国人的生活。建筑艺术,这种集现实需要和美学理念于一体的独特艺术,最能完整地体现人们的生活。我们还可以从建筑艺术中获得另一种乐趣和享受,即从建筑中阅读人类发展的整个历史:它的奋斗痕迹、理想理念和宗教历史。人们从罗马建筑的兴衰,可以看到罗马帝国的兴衰过程。在罗马帝国衰落后,罗马建筑风格又沿续了五百年,从这点上可以看出,当时的罗马帝国对整个世界都有着非同凡响的影响力。同样,现代建筑也反映着现代国家的发展过程。一百年前,英国人喜欢模仿和复制其他国家的建筑物,这看起来枯燥而又毫无生气,而这正体现了英国工业主义的特点——呆板、缺乏创造力。建筑艺术从统一的传统继承,逐步发展到今天的流派迥异、各种民族风格相互融合,这一过程有力地证实了民族主义运动得到了巨大的发展。民族主义风格是欧洲上个世纪一个重要的历史特征,民族主义的发展在 1914 年达到顶峰。

在建筑艺术中,人们总是强烈地意识到其受过去的影响,其实,它也一直极其明显地描述着当下的现状,它是人类社会存在的一种持续而生动的描述。古埃及柱状神庙的神秘和巨大,古希腊建筑的精致巧妙,古罗马浴场的富丽堂皇,哥特式大教堂的神秘通道,法国现代剧院的华丽夺目以及德国一些近乎狂野的宏伟建筑,从这些建筑中,我们似乎可以阅读出那些时代里发生的动人故事,以及人们的愿望、向往和奋斗历程。每一座建筑都生动地表达着它自身的历史和现状。只有考古学家和细心的历史学家才能最大限度地享受到其中的乐趣。当然,对于大多数普通人来说,他们也会很容易地了解建筑的主要风格,它们是怎样兴起的,又是怎样发展或衰落的。除此之外,任何这样的建筑艺术研究,都散发着浪漫的诱惑力,因为它是人类艺术史上的伟大丰碑,有着迷人又耐人寻味的过去。要想真正懂得对建筑艺术的欣赏,人们需要研究这座建筑建造者们的历史。每座城市的建筑都是对人类过去和现在鲜明的历史写照,有时它甚至会暗示着一种未来。

建筑艺术是一门充满情感且极具感染力的艺术。它和音乐、绘画、诗歌一样,蕴含着真实的感情因素。作为一门艺术,建筑是一定会有这种情感理念的。可是,我们常常忘记这一点。在欣赏建筑艺术时,我们通常会用一种冷漠和理性的态度来看待它。普通人很难想象在石头、钢铁和水泥中会有什么情感存在。因为一座建筑不能直接给我们讲故事或者代表实际的事件,不能用文字或绘画作品直接表达人们的情感(或许这是最重要的一点)。尽管我们能用情诗、爱情故事、有关爱情的绘画作品和音乐来表达人们的情感,但建筑所能表达出的情感更丰富,它以抽象的方式表达着更强烈的情感。

这种情感的表达最终基于建筑的形式和实体内容得以实现,也就是说,我们感官上直接看到的和精神上感悟到的,二者共同结合才能表达出建筑的情感。这两者是不可分割、交织在一起的。沃尔特·彼得在乔尔乔内大学发表的论文中写道:所有艺术不断追求的目标就是"形式与内容的完美统一"。在他的观点里,音乐是最能完美体现这一理念的艺术,"这种理念最终提倡的就是结果与采用的手段相互统一,形式与内容相互统一,主题与表现方式相互统一;它们完全共生,融合于一体;因此,所有的艺术要想达到它的巅峰水准,都应该不断地向这种趋势靠近,追求这种境界。"建筑艺术恰恰就是最接近于音乐艺术的。建筑艺术被称为"凝固的音乐",不是因为音乐与建筑形式上惊人的相似,或二者在节奏上惊人的相近,而是因为建筑艺术与音乐艺术,两者都是不能脱离形式而单独构建内容的。正是因为这个原因,这两种艺术才有别于其他艺术。举例来说,画家创作的风景画或人物画,在艺术家的作品之外都有一个真实而明确的存在,同样的景观在同样的天气条件下呈现的景致,或者同样的人物在同样的位置上摆出的姿势,无论怎么变换,它都会产生部分相同的情景与情绪。而建筑艺术与音乐艺术,如果在形式上稍有改变,这种形式所表达的情感立刻会变得面目全非。这里有一些简单又形象的例子,可以说明这一点。闭上眼,想象一座高大的哥特式大教堂,耀眼的光线透过彩色玻璃窗后,变得柔和而温暖;高大的拱形穹顶直插云霄,在狭长通道的尽头,出现一座祭坛,祭坛上是一片错落有致的、燃烧着的美丽蜡烛,散发着耀眼又温馨的光芒;这个场景会带给人们一种难以言表的平静和敬畏。那么,我们再从建筑体系结构的角度上单纯地想象一下,抛开那些彩色的玻璃窗、错落有致的烛台、特制的拱顶,我们重新感受到的东西是否是完全不同的呢? 答案是肯定的,因为人们的感受会随着这些形式的变化而变化,并且两者不可分割,所以建筑形式会直接影响我们。

的确,建筑艺术所能产生的情感是有限的,但建筑艺术所激发的人类情感也是最强烈、最深刻的。建筑艺术能够给我们带来一种巨大的震撼。在伟大的建筑面前,每个人都会在某个时刻感受到它的美,也许是阳光明媚的一天,在底比斯或卡纳克神庙的庭院前;也许是在罗马斗兽场巨大密集的拱顶面前;也许是在兰斯(法国东北部城市)或威斯敏斯特(英国议会所在地)高高的屋顶下;也许是在人们正在穿过纽约狭窄的街道时,突然看到的布鲁克林大桥那雄伟的拱桥。这是人们一种自豪的、纯粹的、来自外观视觉的真实感受。这些建筑物是人类曾经居住过的、拥有过的,经历了上百、上千年,甚至年代更久的宏伟建筑,它们承载着人类的历史。这种力量是建筑艺术给我们带来的最直接和最显著的情感,所有宏伟的建筑一定能在某种程度上表达着这些意义。每座建筑都会有某种东西代表着它的久远,比如建筑材料——石头、砖瓦、木材,如果被保护得很好,它们就能很好地诠释历史。建筑师们必须要保证这些建筑物能以最直接、最简单的方式,被人们持续使用,只有这样,他们设计、建造的建筑才能屹立不倒,成为不朽的建筑作品。建筑艺术是蕴藏于人类心中的一种非常珍贵的情感寄托,从某种程度上来说,它能为人们在贫苦和乏味的日常生活中增添一份快乐。

图 1-1　意大利罗马圆形大剧场（古罗马斗兽场）

建筑艺术给我们带来的另一种情感，就是心灵上的安详感。这是一种相比其权利感和实用感，更微妙、更细腻的情感。巨大、厚重的建筑体，简洁的建筑设计，精巧、协调的建筑构架，这些元素能营造一种轻松、安静、祥和的意境。在波士顿公共图书馆周围，总能看到一小群人坐在那里休息。当人们行色匆匆地从地铁里出来，穿越纽约第 116 号大街的时候，人们都会刻意地减缓步伐，欣赏面前的哥伦比亚大学图书馆，欣赏它那长长的、绿树环绕的白色阶梯和宏伟壮观的柱廊建筑。的确，在生活中的任何公共场所里只要有漂亮的建筑物出现，人们都会放慢脚步，在它的周围找个舒适的地方坐下来休息。为什么呢？这就是建筑师们心中的愿望——建造出优秀的建筑，使人们在看到自己建造的建筑时产生一种安静、祥和的感觉。

除此之外，还有一种更具体、更实际、更显著的情感存在于建筑艺术之中。建筑师也会像音乐家或画家一样，表达快乐、俏皮或者放松的情绪。比如说，为了吸引观众前来，建筑师会把一座剧院建造得色彩斑斓、喜气洋洋，给人一种像过节一样的气氛。最好的娱乐场，几乎看起来都是热热闹闹的。我们的建筑艺术展大部分都带有这种色彩。我们必须

第一章　建筑艺术的魅力

要记住一点：建筑师也只是一个人而已。他们不必总是庄重严谨、一本正经，也可以尽情地抒发他们自己的快乐和喜悦。

所有优秀的建筑都是赐予我们的礼物。每一种建筑，每一个设计完美的房间，都应该传达给人们一种或欢呼雀跃、或安静祥和、或庄重深沉的感觉。每一位研究建筑艺术的学者，都应该秉承这种理念来进行研究。很快，有些人会接受新的价值观，不管是什么，这种新的价值观所传达的信息将变得至关重要，而大部分人仍然会停留在过去的观念里。如果一座建筑物能传达出美好和生机盎然的气息，那么它就是一件真正的艺术品，这位建筑师就是一位成功的建筑师。而其他的建筑，在设计构思上，其实也没有那么糟，但它们却默默无闻，是因为这些建筑没能体现出建筑艺术中的那种更深层次的艺术韵味。

截至目前，建筑艺术所能给人们带来的最重要的一点是精神享受，也就是其带给人们内心深处的真正快乐和鼓舞。这种令人敬畏的力量感受，只有当某些东西深深地触动到我们灵魂深处时，它才会出现。这种感受就像一个人从狂风大作的天气里，突然进入到巴黎圣母院那种祥和而安宁的圣殿里的感受一般；像在威尼斯华丽的圣马可大教堂里高歌时快乐的感受一般。人们的这种感受大多都来自宗教建筑，比如罗马的圣彼得大教堂、威斯敏斯特大教堂，或者美国的一些著名教堂，但也并不局限于这些建筑。同时，这样的感受也并不仅仅局限于来自大型的建筑物，它也有可能来自小型的建筑物。当然，人群中也可能有情感相当冷漠的人，当他们在雅典穿过一片破败不堪的贫民区后，拐过街角突然看到利锡克小纪念碑时，尽管它是那么美丽清雅、完美无瑕，还闪耀着圣洁美丽的光环，但他们也可能会无动于衷，毫无兴奋、激动的感觉。

建筑艺术，这种鼓舞人心的艺术特性，与建筑物的大小无关，与建筑物的年龄也无关。一座建筑，就算是刚刚建成一年，也有可能和上千年的建筑一样，受到人们同样的尊敬与热爱。当一个人推开圣彼得大教堂的皮制大门,第一次沉浸在这种空旷、寂静的氛围中时,一种宏伟、庄严的情愫会从他的内心油然而生,就像是势不可挡的潮汐扑面而来一般。同样,纽约宾夕法尼亚车站也会给人们以这种感受。巨大、强壮的拱形穹顶,覆盖着熙熙攘攘的人流和喧嚣,人们身在其中无不感到高贵与尊荣。这是一种令人激动的、敬畏的感觉,是对上帝和人类的一种敬畏,也是对生命价值的深度领悟和个人渺小的感悟。

图1-2　美国纽约市宾夕法尼亚车站(中央大厅)

富有想象力的设计使得这种现代内饰具有高贵的灵感本能

　　建筑艺术就是给人们带来一种深悟的启示,向人们表达出最伟大的话语。当你站在某些建筑物面前或身处其中时,你会产生出一种鼓舞、振奋的精神,这种精神会带给人们一种庄严或安详的感受。那么,由此你可以确定一点,你面对的是一座真正伟大的建筑,它是名副其实的建筑杰作,而这种快乐的享受只可意会不可言传。其实,欣赏者和设计、建造这些伟大杰作的巨匠们是同类的人,他们都是心灵纯净、具有超强鉴赏力和理解力、时刻保持对艺术高度敏锐的人,他们明白什么是真正的信仰和尊敬,他们从未在喧嚣浮躁的现代生活中,丢掉心中一直高唱着的弥足珍贵的灵魂乐章。

这些就是建筑艺术带给人们的礼物。建筑艺术给人们的内心带来了活力,打开了人们的视觉。无论你对建筑艺术是否有所了解,马上开始这样的享受吧。观察一下你工作地方的建筑物,判断一下,它们是否使你感到愉悦,并且问一问自己为什么会这样;当你离开家门的时候,回过头来看一看你家,它是否是你引以为傲的住所。在你回眸的一刻,你是否能从它身上感到温馨、舒适和愉悦的感觉。在生活中,无论你是在图书馆、公寓大楼、教堂、农舍或者别墅,都可以停下来看一看它们,以新的角度、新的感受来评价一下它们的好与坏,这里面蕴藏着博大精深的艺术。如若你能以这样的视角来观察建筑,那么,当你经过一片城市居民区,看到的尽是锈迹斑斑的窗沿,窗沿下是破败不堪、杂乱无章的街道时,你会感到沮丧、疲惫、厌恶;当一座漂亮的建筑物矗立在你面前时,你会感到越来越热情洋溢、安静祥和,甚至是肃然起敬。

当你对建筑的欣赏水准提升的时候,你可能会意识到,你已经翻开了建筑艺术这部巨著,而你翻开的每一页都将更有趣、更具价值,你从中得到的乐趣也会越来越多。

第二章
建筑形式美的法则

　　对于建筑艺术的欣赏,艺术评论家的批评声层出不穷。对此,建筑师们担负着很大的责任。我们不得不承认,建筑师与建筑的无限复杂性无时无刻不被联系在一起,他们一直被各种建筑风格和建筑结构的问题所困扰。事实上,他们的思想被这些问题困扰着,几乎忽视了对所有建筑风格和建筑方法上的批评的主要基本标准。批评者往往都是伴随着建筑师的建造步骤进行评论的。很多建筑学的历史记载、相关书籍或者建筑讲座都验证了这个事实,但是对建筑严肃而简单的批评数量确实很少。即使在这个批判和自我意识形成独特差别的今天,这种情况也没有什么改变。有一些书籍曾经试图展现建筑的真实价值,但人们对建筑风格的广泛追求,没有使这一愿望得到任何进展。那些着眼于建筑和景观园艺的流行杂志,空谈着建筑的魅力,即使他们张贴出再精美绝伦的照片也是徒劳,因为在他们告诉读者什么才是建筑的好与坏时,他们掩盖不住背后真正的批评言论。

　　建筑艺术和其他的艺术一样,被分为好的艺术与坏的艺术。即使是受大众欢迎的建筑,也会有兴盛与衰落的时期。它有可能此时会流行着哥特式的尖拱建筑,而彼时又流行着希腊式的圆柱建筑,但是在所有这些变化之下,它存在着一个代表普遍建筑法则的基础。建筑艺术作为一种形式和色彩的艺术,它很可能会遭到批评家的各种非难,因为它就像它的任何姐妹艺术一样,遵循着一种相同的形式和色彩法则,而且所有对建筑艺术的批评言论,一定是以这些普遍法则为依据的。

我们的目的不是去探究这些艺术法则的起源,这些是心理学家和哲学家关心的问题。无论批评家们批评和言论的基础是什么,事实上,所有的绘画、雕塑或建筑的艺术作品,它们似乎都遵循了这样一个法则,即只要大众舆论一致认为这是美丽的,这就是普遍的判定法则。这一法则不仅能在绘画、雕塑和建筑这样的形式和色彩艺术中得到验证,而且还可以在文学、音乐或类似艺术中找到。这一法则看起来是一个总的法则宗旨。依据这个法则宗旨,当艺术工作者努力创作的时候,他们就会使他们的思维朝向这个宗旨,让他们的作品具备能够使他们愉悦的感受——即感官美的特性,或者他们会以某种美是否能深深吸引住他们为标准来考虑他们的作品。

这一法则是非常普遍和重要的,它已经被公认为是美学的唯一必然条件。两千多年前,毕达哥拉斯和亚里士多德在古希腊就发表过言论,表示支持这一观念,而且自有历史记载以来,几乎每一位哲学家在谈论美学思想的时候,都一再重申这一法则。依照这些权威学者的观点,每个由各种元素组成的事物,它的美学思想都具备这样一种特性,即对大众的感知起到一个整体效果。听起来,这个法则非常简单,但是仔细研究后,你会发现它隐藏着更丰富和更深远的意义。简约主义看起来似乎使人感到迷惑和费解,这个定义好像仅仅涵盖了人类美学思想的部分内容,而忽视了与美学紧密联系的整个情感部分。它似乎只是把美的特性单纯地定义在了外观形式上,而没有考虑到美学带给人们心灵上的感受。但是在这一章节里,我们可以暂时抛开这个定义的片面性,我们主要是挖掘建筑形式美的意义和使用价值。

　　什么是建筑的整体性？整体性就是由多个明确的个体有机结合在一起，形成的一个事物的实体形态。大众认为，一个个体单独存在，它就是一座整体建筑的一部分。无论一座建筑是多么庞大，一座建筑的个体部分是多么复杂，如果这些复杂的部件同时作为整体的组成部分，那么整个建筑就是统一的，就构成了建筑的整体性，并且这样的建筑会是一个架构很出色的建筑。举例来说，位于美国华盛顿的国会大厦，就是一座既复杂又统一的建筑。美国国会大厦的建设经历了几个不同的时期，它有几个部分较于其他部分带有明显的区别，比如建筑两端的侧翼厅、建筑中央的部分、连接建筑中央和两端的部分以及穹顶（圆屋顶）的部分。这些部分之间都是有明显区别的。每个部分都由许多不同的元素组成，包括圆柱、窗户、门、三角墙、矮护墙（扶手栏杆）等。反过来，每一个个体都可以被分解成它自己的几个元素：模塑部分、明亮部分、阴影部分和雕刻装饰部分。整座建筑，其实就是由成千上万块被雕刻或者被切割的石头有机组合而成的，并且在这些石头上有无数的开孔。每一块石头和每一个开孔，都为整个建筑的明暗效果提供了特别的帮助。不过，尽管每个部分都十分繁杂，但是当整体建筑出现在面前时，你不会感到建筑是杂乱无章的。相反，你会有这样一种感觉——这种雄伟、壮观的景象令你肃然起敬，甚至会有一种更简单、更直观的印象，上面的大穹顶似乎把你整个人都变成了这个强大组合的一部分。建筑师们不断使用的建筑技术和建筑技巧，与整个建筑主题相呼应。他们通过保持建筑主线的简洁，从而合理、谨慎地重复建筑主题，比如三角墙、柱廊和台阶。建筑师们已经成功地实现了这些复杂事物的完美统一，建造出了一座完美的建筑，满足了建筑的形式美这一重要的建筑艺术要求。"合众为一"正是对这种建筑的生动表达。

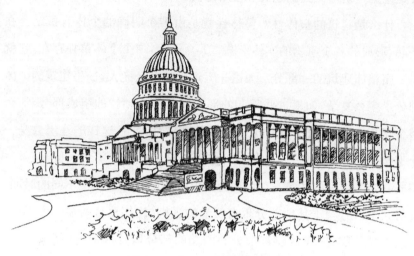

图2-1 华盛顿的美国国会大厦

通过穹顶的优势和类似动机的处理,赋予这座复合式建筑以统一感

　　然而,也有一些反例,这些建筑完全缺乏建筑艺术中的"合众为一"的特性。比如,在纽约建筑师们建造了一座昂贵、奢华的办公大楼。其外墙由八层爱奥尼亚式柱廊组成,每一层都有三层楼高。大楼正面的建筑材料昂贵、大气、简洁,装饰部分优美、典雅、合体,在施工建筑方面也近乎完美。大楼的爱奥尼亚式柱廊和古典柱顶盘,也经过多次仔细研究和改善。一开始,人们认为使用这种同样的建筑形式表达建筑主题,会使建筑达到紧密、统一的效果,但实际的效果与预想的完全不同。这种重复的顺序,一层接着一层,不但没有带来建筑的整体统一性,还产生了一种单调而浮夸的混乱。这座建筑,每三层楼的高檐口(挑檐)上被锯出一层,看上去不是一座大楼,而是几座大楼,一座接着一座地累积在一起。因此,它是一座缺乏整体统一性的建筑。无论它在建筑细节上处理得多么精巧,它的个体部分多么完美,就整体而言,这座建筑是不完美的。这一建筑,与殖民地时期风格的圣保罗大教堂的迷人、简朴相比,其

建筑构思的失败就更为明显了。圣保罗大教堂具有简洁的线条、庄严的柱廊，以及优雅的尖顶，堪称是完美体现建筑统一性的杰作。

图2-2　英国伦敦的国家美术馆

建筑主题的繁多和非相似性，破坏了建筑的整体统一性

　　还有另外一座建筑，也可以作为建筑缺乏整体统一性的例证，那就是位于英国伦敦的国家美术馆。这是一座更为庄严、简洁的建筑。它特别适合与华盛顿的国会大厦进行比较，因为它使用了太多相同的建筑主题——穹顶、圆柱和三角墙。事实上，它的建筑主题应该少一些，组成元素也应该再简单一些，以达到局部与整体的统一。另外，它与其他具有许多窗户的建筑不同的是，它有长长的、被切割而成的石墙，这种结构是建筑中最简洁、最庄严的建筑形式。然而，即使有了这种简洁而又庄严的形式，建筑师还是没能给它带来整体的统一性。在宏伟的华盛顿国会大厦大圆顶建筑的入口上方，有一个很小的、多余的装饰部分。一个如此小的穹顶，在设计上如此微不足道，反而使建筑失去了本身至高无上的荣耀。这仅仅是一个丑陋的、多余的东西，一个无用的附属物。它没能达到将整座建筑整体统一的效果，反而造成了整体建筑的混乱。这座建筑的前方同样存在缺乏建筑整体统一效果的问题。站在一个大广场

的面前——能出现在伦敦最重要的大广场面前,这座建筑应该有一种庄严宏伟的气势。而事实上,位于建筑中央的八根柱廊看上去很小,而且单调、乏味。它上方的三角墙位置过低,就像前面提到的穹顶一样,它完全不吸引人,甚至不能充分地表达它的主题意义是什么。另外,柱廊两侧的设计缺乏艺术感,也是很不理想的。这座建筑的柱廊两边都有一段墙,然后突兀地出现一些装饰部分,上面有圆柱和挑檐设计,就好像这段墙体要在这里结束,很像一种醒目的末端亭阁建筑。但是,实际情况不是这样的,墙体还在继续延伸,同时另一个亭阁建筑出现了,与第一个亭阁建筑相比,形式上虽然类似,但是亭阁的建筑规模逐渐变小。再看远处最后的第三个亭阁建筑这是规模最小的一个,它们就这样若隐若现地出现在整体建筑的两旁。尽管它的建筑主题是简单的,但却是一团糟——墙与亭阁的重复排列使这座建筑整体看上去十分单调乏味,而且入口缺乏艺术感,穹顶极小,与其他建筑结构极不相称。很遗憾,作为世界上伟大的艺术品收藏地之一,这座建筑由于缺乏整体的统一性,它在当时只能是一座很平凡的建筑。普通人都不愿多看一眼,建筑师们对它更是嗤之以鼻。

上面所有这些建筑,无论美与不美,其都有一定程度上的复杂性。它们必须具有这样的复杂性。究其原因,这不仅有使用价值上的原因,也有美学上的原因。一件事物,绝对的统一,这可能会激发你的惊叹之情、惊奇之情以及敬畏之情,但那种情感从来不是美学的标志之一。例如,让读者想象一下那座宏伟的史前巨石阵。如果说它是美丽的,那么,只有在它有复杂性的情况下,它才会显得十分美丽。在巨石阵中,把那些门窗和梁上的石头,放在应该放的地方,其效果要比把它们放在直立的支柱的地方更好。这些石块按照某种类似的顺序结构并排列在一起,其效果要比它们单独垂立在一个地方更美观。最简单的方尖塔是很美观的,它的美观不是因为它的简洁,而是因为它与周围几个部分之间形成了微妙的关系——比如底部的宽度、顶部的宽度、两边的坡度、金字塔形的顶部和底部之间的高度关系。方尖塔的形式看似很简单，但是却很复杂。从审美角度上谈论的复杂性，往往是指形式上的复杂性，而不是指其功能或数量上的复杂性。让读者试着去想象一些完全不复杂的东西，按照读者的意愿去想象物体的大或小。其实，这是不可能的一种言论。因为，它一方面是几何学意义上的观点——一种纯粹的抽象概念，肯定没有美的概念；另一方面是人们的无限想象，同样是一种抽象概念，也没有美的概念存在。在人类的想象中，最能接近这种概念的事物是不存在的，它仅仅是一种虚无缥缈的巨大泡影而已，而这肯定不会让人有一种愉悦、美的感受。这样的景象只会令人恐惧、敬畏或惊奇，甚至给人们带来的是宗教意味上的崇敬或恐惧。

　　建筑艺术和其他所有艺术一样，其统一性和多样性对于美学思想来说都是必需的。在建筑中，多样性是绝对必要的，建筑师不必怀疑这一点。因为许多实际的需求就摆在人们的面前，人们所生活的建筑里需要窗户、门、烟囱、门廊、屋顶等。甚至是最简单的建筑，有些部分也需要进行外部的改造或变化。即使在墓碑或者纪念碑的碑文或者碑体的装饰中，也需要一定的复杂性。因此，任何建筑师都不可能设计出一座没有复杂性的建筑。建筑师的主要任务是把所有不同的单元个体结合到整体作品中，并且要符合美学思想。因此，每一个单位个体都应符合其所要求的美学标准，每一个单位个体都要承担起它与其他个体之间、它与整体之间的一种恰当的联系。那么，建筑师们怎样才能做到这些呢？

　　回答这个问题的最好方法，就是在所有美观而统一的建筑中，试着去找出那些常见的显著特点。这些显著特点，对于那些想要欣赏建筑的人，或者建筑设计师来说，是很重要的信息。事实上，这些显著特点早已被大家所公认，并被编入《建筑法典》，成为一种具有艺术性的构成法则。但是，这些法则一旦被理解和运用，有批评的声音是不可避免的，因此有必要仔细地分析这些法则。简而言之,这些法则是一种平衡法则,即建筑的节奏(律动)、比例、高潮(中心主题)和协调性之间的一种平衡法则。有些人会把神的恩典加到这个列表中,但最好还是把它看作是其他工作法则的结果。奇怪的是,从优秀的建筑中推导出来的这些法则,实际上和判定优秀的文学,或者优秀音乐的法则是一样的,这似乎足以说明这些法则的有效性。人们可能会基于这些法则写一本书,或者写一首曲子,并将这些法则运用到建筑上,是基于对建筑的兴趣。因此,人们会花费大部分时间研究这些法则,并考虑它们在所有建筑上的影响。

建筑的第一个美学法则——平衡法则。可以这样说:每一座建筑都应该是牢固、沉稳的。在建筑设计中,建筑师以某种方式表示出建筑的轴线,那么,轴线两边的建筑部分,看起来重量应该是相等的。这些法则最简单的应用是在对称的建筑中,所以建筑师在设计建筑的时候,最好先考虑这样的建筑。而把这些法则更复杂、更困难的应用,适当地留到以后所谓的"风景如画"的非对称的建筑中去。所谓对称性,我们可以这样来解释:当建筑物处于完美的平衡状态时,建筑物左右两部分的精确对应关系才会存在。上面所说的这些并不是对称性的全部内容。对称的建筑可能会被划分为几类,其与几个不同的设计方案相对应时,或多或少都带有复合性。简洁的建筑方案是最容易成功的。随着建筑主题的不断增加,协调整个建筑的统一性变得越来越困难。由于不断增加的复杂性,人们的眼睛很难立刻抓住建筑物内在的平衡性,而其在整体的建筑美中又是如此巨大的一个要素。

当然,这些对称的建筑,其最简单的对称形式就是矩形结构。因为从整体上来看,矩形结构至少以其原始的形式存在。矩形结构在古希腊的许多神庙中都可以看到,比如帕特农神庙,雅典的忒修斯神庙。如下图所示,忒修斯神庙的正面很简单,是由一排柱子组成的。这些柱子,每六个为一组,上面有一面矮的山墙。它的对称性是很完美的,因此,这座建筑的结构也是平衡的。平衡轴、建筑轴心,二者很好地与上面山墙的顶端,以及下面的门形成结构上的呼应。从整体上看,这座建筑清晰、完整地展示了建筑的平衡性,整个建筑呈现出平稳、安详、美丽、壮观的景象。

图 2—3　希腊雅典的忒修斯神庙

这是第一种对称构图方案的例子

对称建筑的第二种对称形式,由建筑中间的一个简单的矩形组成。这是一种明暗度更复杂的对称形式。这种形式很常见,但也并不总是这样。这种形式的效果是使建筑看起来绵长而低矮,并且在每个末端都有一个较小且具有突出特点的建筑形式。从纽约第八大道的新邮政大楼和华盛顿的印刷局中,都可以看到这种建筑形式完美的设计——敞开式的长长的柱廊矗立在建筑的四周,那些柱廊上设计有低矮、突出的屋檐(一种防止暑热入内的设计),或者是厚重的石砌亭阁。在威尼斯的文德拉米尼宫中,可以看到同样的形式,但其稍微显得更精巧一些。在这种情况下,末端亭阁的建筑完全可以被当作是它们之间的一部分,这里不包括末端窗口两边的柱廊列,以及在这些成对的柱廊列之间显露的平壁。在建筑物的尽头,这些小小的变化,使这座建筑立刻变得庄严、尊贵,并具有其自身的特点。如果这些末端架间(尾格)和它们前面的同类物质是一样的,它就永远不会有这种区别。如果外角处没有这些额外的点缀物,这座建筑会使人们有一种混杂的、模糊的空间感,从而无法辨认方向。人总有这样的一种感觉,没有必要在一座大楼建筑的末端位置上大费周折。在这些地方,设计出两扇、四扇或六扇大的窗户作为末端也没有关系,更不必感到惋惜。同样的情况,发生在纽约邮政大楼建筑的一个柱廊上,如果没有在末端设计亭阁的话,柱廊列将会给人们一种无头无尾、永无休止的延伸的感觉。

与许多美国的现代阁楼建筑在这方面的明显弱势相比,我们可以看到,这些末端建筑装饰在一个庞大而复杂的建筑中所具有的美学价值。末端建筑可能具有建筑的对称性,但因对光线和窗户所展示的空间有需求,这些末端建筑已经将建筑墙体的面积缩小了,仅仅使墙体变成了陶瓦结构,或者砖块结构的窗间墙。钢铁的使用使这些栈桥必须要有固定的间距,因此它们中的许多部分,似乎都是未完成的建筑,就像是它被锯掉的部分;又像是一些巨大的,但很美丽的建筑部件,被锯成了几个部分,然后被随意地丢到大街上一样。

然而,我们在使用末端亭阁建筑的时候也会出现麻烦。主要的麻烦是,它们对于整体建筑来说可能会变得很大,大到足以分散人们对建筑物中心部分的注意力,而亭阁设计并不是整体建筑设计的主要特征,会给人一种喧宾夺主的感觉。比如巴黎圣母院、科隆大教堂、纽约的圣派克大教堂中的这部分建筑。这种错误的设计破坏了大量的美国教堂建筑。那些应该占主导地位的塔楼,其中间用一种普通的门廊连接,从而让塔楼被缩小和分散开来,那么最后的结果是三个同等比重的建筑个体挤在一起,这无疑是混乱。从审美角度来说,这对观赏者是一种审美挑战。

图2-4 法国巴黎圣母院大教堂

对称设计中的第二种对称形式,它最终目的是使塔成为主要的建筑特征

　　这种三方对称的形式,它有三个单元,与我们下面要讲的第三种对称形式紧密地结合在一起。在这种对称形式中,建筑的中心部分会被加强渲染和强调;相比整个建筑的其他部分,它通常会被建造得更高、更宽。这种效果不再是某个建筑个体在中央部位被重复多次,然后以某种装饰建筑作为建筑末端的样子,而是中央部位作为一个强大而显著的建筑个体,其两旁的建筑部分呈现出逐渐弱化的样子。对于这两种方式的效果,可以把它们比作两组正在外出散步的家庭。第一组家庭,父亲和母亲走在道路的两边,所有的孩子手拉手走在他们中间;第二组家庭,父亲独自一人走在中间,在他的两边各有一个或两个孩子。

　　最后的这种对称方式,对于较小类型的正式建筑来说是最受欢迎的。这里有上百个美国殖民地时期的房屋建筑可以说明这一点,比如马萨诸塞州剑桥市的克雷吉(朗费罗)住宅建筑,以及众多的小型图书馆。在这些建筑中,占主导地位的中心建筑部分,主要是吸引人们注意力的入口建筑,而两边占非主导地位的建筑部分,则是这个入口处所引出的各种不同的房间。而像明尼阿波利斯艺术博物馆这样的建筑,相对来说是更大的建筑,这种对称形式就不太适用了。在这座建筑中,困难的是建筑师要通过对建筑尺寸或者装饰部分的处理,使两侧建筑部分变得过于重要,中心的建筑效果消失,从而避免造成混乱不堪的景象。

对称建筑中的第四种对称形式,在美国国会大厦中得到了很好的体现。美国国会大厦是由一个主要的中央建筑组成,其附属建筑作为连接,与主体建筑连接在一起,并且在建筑的末端有明显的亭阁建筑标记。这座建筑其实可以被认为是上述两种对称形式的组合,也是一座最正式和最具有纪念性意义的建筑。这座建筑中的对称形式,可以说是在处理大型、重要建筑的对称性问题方面最成功的实例。事实上,还有很多的建筑也体现了这一点。卢浮宫的柱廊、纽约大都会艺术博物馆,许多的州议会大厦也都是很好的实例。另外,相对更小规模的建筑,我们也可以举出一些实例。比如弗吉尼亚州的某些纪念建筑、蒙蒂塞洛的杰弗逊建筑。同样,这些建筑效果要想突显出来,其中心建筑部分必须是占主导地位的。如果两个末端建筑部分明显与中心建筑部分是等比重的,那么人们的视线会将其三部分中的任何一个部分作为整体建筑的主体特点,也会将建筑轴心固定到末端建筑而不是中心建筑上,这样所产生混乱是无法避免的。

在每种对称形式的成功实例中,占主导地位的中心建筑部分实际上代表的是整体建筑的平衡轴,第二种形式除外。对于第二种对称形式的情况,以纽约邮政大楼、文德拉米尼宫或圣派克大教堂来说明,末端建筑沉重而且等比重,因此它有很强的平衡感,平衡轴不用标明就可以显现出来,因为看到整体建筑的那刻,它的位置就被清晰地展现出来了。

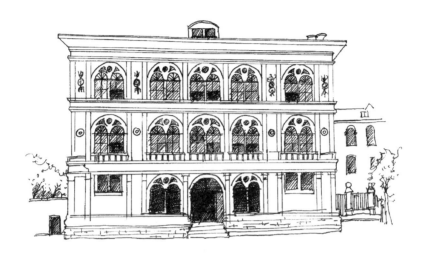

图 2—5　文德拉米尼宫

对称构图的第二种方案的一个例子,注意末端部的多重处理

　　所有可以归为这四种对称形式之一的建筑,都可以称之为是最好的对称建筑。当一座建筑变得相当复杂,且它的建筑主题不属于这四种对称形式的时候,换句话说,当建筑物的系统结构被分为五种以上不同的建筑主题时,所有可能产生的结果都会对建筑本身的成功不利。在某些时刻,人类的眼睛所能看到的东西,和人类的心灵所能理解的东西是有限度的,所以一座美丽的建筑必须使人们在其观察限度内就能发现美。位于英国伦敦的国家美术馆就是这样的一个实例,它有一个缺乏艺术性的问题。这座建筑的墙体结构和三层的末端亭阁建筑太复杂了,乍一看,人们无法明白。为了避免产生混乱,任何建筑物的主体部分都不应该过多,因为太多的建筑主体会使人们很难立即了解其建筑的系统结构。

　　对非对称建筑使用平衡法则,是一件比较困难的事情。乍一看,一座不对称的建筑可能会显得失衡,但是我们不能抗拒和否认它的美感。

如果地球上的每一座建筑都是绝对对称的,那么这个建筑艺术将会是多么的单调、枯燥! 如果是这样,我们就应该摧毁沙特尔大教堂、亚眠大教堂、早期的法国文艺复兴时期的城堡,以及无数可爱的现代房屋、乡村教堂和其他无数的类似建筑,否认那些拥有这种自由和迷人魅力的建筑,否认那些我们称之为"风景如画"的建筑,那他们必将承受一种无法想象的损失。

图 2—6 法国沙特尔大教堂

通过对不对称部分进行仔细的配比,实现建筑的平衡性

最简单的一类非对称建筑是指:尽管一座建筑不是绝对的对称,但是它的建筑轴心是非常清晰的。沙特尔大教堂、亚眠大教堂就是这样的例子。这两座建筑物都是在某些细节上缺乏对称性,而不是在整体建筑结构上缺乏对称性。如果这一问题能够很好地被解决,那么这座建筑肯定能取得成功。但是有一点要注意,只有当两个不对称的建筑部分的比

重保持一致时,才会产生平衡感和美感。沙特尔大教堂,是这类非对称建筑里最美丽的建筑之一。它的平衡性和美感是怎样体现的呢? 这座大教堂的右侧建筑部分,都是坚固度和实密度很高的老式高塔,而其左侧的建筑部分,都是质量较轻、具有通风性能的塔。鉴于这种情形,建筑师最终通过增加左侧建筑的高度,来弥补这种不平衡性。相反,从另一方面来说,法国鲁昂大教堂的正面,显示了这种准对称在错误处理时的效果。这座建筑无论是壮丽的中心建筑、宏伟的门廊,还是晚期哥特式精致的、镶花边的透雕镂空图案,作为一座整体建筑,它正面的建筑所呈现的效果并不完美。因为在这座建筑中,其中一边的建筑太过沉重,像著名的"黄油塔"的说法一样;而建筑正面的另一边建筑部分,没有足够的力量来抵消这种不对称性,从而使整个建筑失去平衡,同时也产生了一种强烈的不协调、不安稳的感觉。无论何时,整体效果统一、协调的建筑物才能被当作是一件完美的建筑艺术品,而不是只单纯注重精美的细节建筑部分,就片面地把它当作一件优秀的建筑艺术品。

在这些几乎对称但又不对称的建筑中,建筑的整体平衡性是容易解决的。但在更为复杂的"风景如画"的建筑中,平衡性的问题就变得更加复杂和困难了。把这些"风景如画"的建筑,设计成最对称的建筑是不可能的。它们之间的差别太大,可能的设计方案是无限多的。然而,每一座美丽的建筑,无论它是否对称,具备平衡性是非常重要的。如果一个人以美学角度来欣赏一座建筑,他一定会知道这一点绝对是一个难题。对于这个难题最好的办法就是,在这些所谓的"风景如画"的建筑中,指出并阐明一些协调这些建筑平衡性的基本原则。首先,建筑的平衡轴必须能够以某种方式清晰地表达出来,可以是门、阳台或门廊,也可以是某些具有有趣特征的东西。这也许是最重要的一点。如果一座建筑的平衡轴是由一个具有突出特征的建筑来表达的,那么我们的视线就会立刻被它所吸引,并且依靠这个建筑平衡轴,我们也会感觉到两边的建筑比重几乎是相等的。这样的建筑会给人一种放松的感觉,建筑看起来也会越来越美。这里用一个乡村小教堂的正面建筑草图来说明这一点。

图 2—7　小教堂的草图

左图的小教堂是平衡的,因为建筑的平衡轴是通过门廊来体现的。右图的小教堂,由于门廊移到一边,整个建筑失去了平衡感

从图 2—7 中的左图来看,门廊是最突出的特征,它立刻吸引了人们的目光,小教堂两端的建筑比例看起来是相等的,建筑的平衡性效果就显现出来。靠近建筑轴心的更高、更重的塔楼,可以利用杠杆比率来平衡建筑轴心另一边较长、较低的山墙。需要注意的是,如果吸引人们的兴趣点落在很远的一边,那么这座建筑看起来就会出现令人尴尬的效果。在图 2—7 中的右图中,我们的视线再次被门廊所吸引,我们发现整个建筑坐落在一旁,另一边只有天空。很显然,这样的设计使整个建筑失去了平衡性,随之而来的是一种不可避免的不安和尴尬,它破坏了艺术乐趣和享受。在实际操作中,建筑师不仅要注意正面的建筑景观,还要注意旁边的和后面的建筑景观。他必须要想象整座建筑的模样,还有周围的情况。就像一个人走到建筑的面前,看到的不仅是建筑本身,还有周围的树木、地面的斜坡、附近的灌木。从每一个可能的角度来看,一座优秀的建筑都必须要有平衡性。这一点就说明了,某些非正式的美国乡村住宅建筑,相比较而言,就显得有些失败了。它们看起来显然是根

据一种观点或者两种观点设计的,从这些观点来看,它们是优秀的,而且具备完美的平衡和组合;但是从其他观点来看,相同的建筑聚在一起,因为缺少中心建筑,就像是大杂烩,感觉乱糟糟的。而像烟囱、花箱,或者某些有趣的小亮点,如果能够作为中心建筑部分,它们会使整个建筑看起来更有平衡感和宁静感。通常来说,建筑师对建造"风景如画"的建筑表示怀疑的原因,一方面是建筑的平衡性很可能被研究得过于仔细,另一方面是这样的建筑看起来仅仅是一堆混乱的线条,结构、比重也严重失调。

关于建筑的平衡性,有几点需要澄清。首先,在这个问题上,有一个与杠杆定律概念的艺术类比。也就是说,一个很重的建筑部分靠近那个具有有趣特征的建筑,即建筑的中心建筑——枢轴,再以这个建筑枢轴为中心,继续延伸一部分长的、矮的、比重更轻的建筑,这种方式可以抵消两侧的不平衡感。其次,建筑本身的形状和位置也会影响到平衡性。例如,一个突出的建筑结构总是比向后倾斜的建筑结构更重。也就是说,在"L"型的建筑里,其中一边比另一边要长,突出的中心建筑位置最好是在"L"型的长边角的附近。对于突出的一侧,其更吸引人们的视线,看起来也会比其他建筑部分的比重更重,这就需要用更长的部分来平衡这个缺点。在比例上,一个高建筑物体通常比一个低建筑物体显得更重。所以,在前面提到的小教堂里,尽管山墙有更多的区域,但是塔看起来更重,就是因为它的高度。

到目前为止,我们一直在讨论建筑实体的比重和平衡性问题,但是建筑的平衡还有另一个复杂的问题,那就是建筑的趣味平衡,这仅仅是一种人类视觉重量的平衡。但是,这一概念对建筑师来说,它简直就像是一个大救星一样。因为当建筑师面对一座看起来根本无法满足平衡性要求的建筑时,他可以通过增加较轻的建筑部分,比如添加装饰物、美化窗户框、采用突出的飘窗(凸窗)造型、格状结构等方式,使较轻的建筑部分和较重的建筑部分看起来几乎是等比重的,从而展现建筑的整体美感。

这不是为了竭力地解决建筑平衡性的难题,而是在制定一套主要的建筑原则,作为了解这座建筑的方法和基础。由此,当观赏者看着他周围建筑物的时候,他可以以这些原则作为鉴赏建筑物的基础和标准。

建筑的第二个美学法则 ——律动法则。可以这样说,每一座美丽的建筑都应该是平静、泰然自若的,它的每一个建筑部分,都应该与其他相关联的建筑部分有一些节奏上的关系。广义上的"节奏"一词是被运用于建筑艺术。在大多数情况下,一座建筑不存在一组相同形式的建筑部分不断重复、没有停顿或间歇的情况。但是,也有例外,比如罗马圆形大剧场(古罗马斗兽场)。这座建筑不断重复着同样的建筑节奏形式:相同大小的建筑个体,由宽大、厚重的拱桥相连而成,中间有较小、较轻的砖石结构,突出的圆柱作为停顿间歇,给人留下一种巨大而不可抗拒的庄严感。哥特式大教堂的内部,比如亚眠大教堂,同样给人以这种庄严感。这座建筑也是运用同样类型的建筑——宽大的拱桥和窄桥墩,它们不断重复着产生的韵律感来达到这种效果。但不同的是,在这座建筑中,单个建筑个体被分为三层,每一层的韵律结构不同于其他层。首先,在低的地方,有一个从中央大厅到侧廊的宽拱桥。在这上面是一个狭窄的连拱廊——三拱式拱廊长廊,在连拱廊上面是一扇巨大的天窗,它与三拱式拱廊的垂直部分相呼应,并在建筑中占主导位置。每一个复杂的建筑个体不断被重复,构成整个中央大厅,并且烘托出美妙的节奏感,就像诗歌的艺术结构一般。

图 2—8 法国亚眠大教堂

一个令人印象深刻的具有强烈节奏感设计的例子

正是在这个节奏的问题上,某些人试图在建筑和音乐之间,找到一种绝对的类比,但这是一种不能被深究的类比。建筑艺术类似于音乐艺术,但这两种艺术的类比在理性上具有模糊性,在情感上具有必然性。正如 J. A. 西蒙兹所说,它们所使用的形式具有抽象的特点,而不仅仅是一种技术、技巧上的任何变换,其具有隐藏的和神秘的孪生形式。

寻找与建筑形式有关的音乐类比,是十分有趣和刺激的。但是,要把这种研究进行得过于严肃和认真,希望在建筑艺术中区分出实际的"和弦"和"音高",以及将要表现出的复杂的音乐节奏,这样做可能就会产生一部交响乐,或者像圣彼得大教堂的演奏一般。这是荒谬的,这样的研究会使这两种艺术都失去它们原本独特的艺术魅力。建筑艺术并没有被称为"冻结的音乐"。在伟大的建筑中,建筑艺术存在着各种变换的元素,比如建筑大小的变化、建筑比重的变化等等。但是,这两种艺术都力图获得同样庄严、深沉、隐晦的情感效果。它们通过抽象的方式,表现出更协调、更高尚的建筑风格或音乐风格,这些是由于它们自身的优越特质而存在的。

如果我们要对大多数建筑中所表现出的节奏感进行准确的类比,那么我们将会发现,建筑的节奏感类似于优秀的散文节奏,而不是音乐的韵律。与贝多芬交响乐相比,建筑的节奏感具有更多的格列高利圣咏(一种无伴奏的合唱形式的宗教音乐,罗马天主教会典礼中所吟唱的单旋律圣歌)风格的歌曲节奏特点,或者说是具有单旋律圣歌的节奏特点;与伯恩斯(苏格兰诗人)和济慈(英国诗人)的诗歌相比,建筑的节奏感更像 19 世纪英国艺术理论家佩特的英语散文的流动节奏。这是一个必须坚持的观点。因为,如果人们想要在每一座美丽的建筑中,发现音乐或诗歌的绝对韵律,那么人们一定会失望的。为了做类比,帮助人们更好地理解建筑中的节奏感,我们必须转向散文。以史蒂文森(英国小说家、诗人与旅游作家)的《金银岛》为例。当一个整句被大声朗读出来的时候,它会被自然地分成几个单词、短语和句子。它们彼此间自由地相互平衡,每一个部分都从容地进入下一个阶段,整个效果在声波中上升到高潮,或者轻轻地融化在休止、停顿中。一座优秀建筑的节奏感和这个过程是一样的,只不过我们不使用音节,我们在建筑的各种表面和开口处,通过对光、阴影和色彩的变换、调节来达到同样的效果。当句子本身被分为自由平衡的短语和从句的时候,建筑同样也是这种道理,其自身也可以被划分为自由平衡的几个个体——柱廊、门以及突出的翼形建筑部分。有时,甚至是窗户和墙之间的任意交替。优秀建筑的个体建筑部分会自然地互相引导。一个句子有它的高潮部分和平静部分,那么一座建筑可以通过光线的明暗对比,将建筑推进到高潮部分和模糊部分。比如美国华盛顿的国会大厦,这座建筑具有三处高潮的部分——三个巨大的门廊建筑、门廊两边的建筑以及门廊之间的两个相对简易的翼状建筑。美国白宫的每一处尽头、角落里,都有一个简单的墙和窗户建筑,其中央部位建筑的变化引出整个建筑的高潮部分,而中央建筑的变化是由建筑中心处突出的巨大柱廊所产生的,其光线明暗的不断交错变化形成了中央部位建筑的高潮效果。

上面所说的这些并不是全部。建筑里所有不同的建筑个体,它们看起来似乎都是独立的,但也有可能具有强烈的节奏感。因此,在柱廊中,光线明与暗的反复交替是有节奏的。同样,墙壁和窗户光线的任何反复变化和建筑的装饰细节,通常效果是最强烈的,也是最具有严密韵律节奏的建筑部分。带有托架的飞檐建筑一直备受人们的欢迎,其原因就在于不断重复的这种飞檐建筑所表现出的强烈的节奏感,以及其间的阴影部位建筑共同结合而成整体的建筑,使建筑整体呈现出放松、舒缓的节奏。就像西班牙舞蹈的伴奏,整个舞蹈自始至终都贯穿着低音流动的旋律。出于同样的原因,在一个复杂的建筑中,不同节奏的统一是由反复出现的、具有强烈节奏特点的每个个体部分所产生的。例如,一组窗间距相等的窗户,或者是支柱数量相等的柱廊列,或者有时只是一组重复的装饰,其营造出让人们到处都能看到某些设定的元素的效果,这也是整个建筑中一种有节奏的音调。

这是一种水平结构上的节奏感,我们必须还要加上垂直结构上的节奏感。这样,我们才能完全了解建筑物的韵律。这种垂直结构上的节奏感,是在水平节奏感的基础之上被划分的。中间的檐口、各层的窗户以及诸如此类的建筑部分,在高层建筑中尤为重要。在高层建筑中,我们会将其划分出很多层,就像办公大楼或公寓一样,必须通过某种方式,如划分层次或将底层组合起来形成建筑基底;将上层加以装饰,作为建筑欣赏,以此来避免建筑的单调乏味。通过这样的方法,建筑会立刻呈现出令人愉悦的多种节奏感,而又不会打破整体的建筑效果。人们在面对文德拉米尼宫时,可以看到这样一个简单、具有垂直节奏感的建筑效果。

建筑的第三个美学法则——比例法则,这一法则与建筑的节奏感紧密相关。根据这项法则,一座漂亮的建筑物,其整体建筑比例应该是几乎相等的。这是一项立意明确、内容详细的法则,没有任何模糊的概念,它可以作为人们长期遵循的一项建筑美学法则。

从广义上讲,具备良好的建筑比例是任何建筑都应该遵守的法则。在一座建筑中,它的几个建筑部分之间的相互紧密联系,应该会给人们留下一种愉悦的印象。所有建筑个体之间的相互依存关系,不只是建筑个体自身的特性,而是一座建筑整体的主要特性。的确,我们可能会遇到这样一种情况:在某些宽度巨大的建筑范围内,一座建筑可能存在某个建筑个体不具备理想建筑比例的情况。例如,在某些情况下,一扇高而窄的窗户,就像亚眠大教堂的纵向天窗一样,其自身具有完美的建筑比例。但想象一下,如果这样一扇窗户被安置在又长又矮的基层建筑里,它看起来会是完全不成比例的。

有人声称,当一座建筑的各个部分,按照简单的比例来进行设计,比如2:3或2:4时,整个建筑就会让人产生一种建筑比例的感觉。于是,他们开始试图用数学的方法,来计算这种理想的比例关系是多少。例如,有人认为典型的哥特式大教堂是基于等边三角形这一数学算式设计的;古希腊的神庙是按照复杂的几何原理设计的,门最适当的高度应该是它宽度的两倍等。但这些观点都是在有前提的情况中被认为是正确的。人们还是应该从建筑的整体效果来考虑建筑的比例问题,而不能单纯考虑所有建筑个体的高和宽之间的简单的比例关系,或者任何建筑本身简单的、内在固有的美学比例。建筑师在他的心里可能已经有了明确的比例法则,但是最好的建筑设计是通过不断地自由调整建筑个体的尺寸、大小和比例来实现的,直到建筑的整体能够形成统一的结构状态,呈现良好的建筑比例,而且看起来美观、大方。这是建筑比例问题上的一个更大的、需要认真考虑的方面。建筑观察家必须要在心中牢记各种建筑关系,比如门、窗户彼此之间的关系,以及与整体建筑的关系,而不仅仅是建筑个体自身的比例关系。在一座优秀的建筑中,无论建筑个体本身多么美丽,实际上它也只是整体建筑的一部分,它的作用和价值还是具有局限性的。

当建筑的比例法则,在这一较大的视角中被人们认可的时候,它与美学思想形成了密不可分的关系。这个法则会使建筑产生和谐的美感,从而使建筑艺术进入一个审美艺术领域。事实上,如果和谐性问题仅仅是一个比例和谐的问题,那么,我们可能已经仔细考虑和讨论过这个问题了,但建筑的和谐性不是单纯的不同部分的和谐比例,其有更广泛的定义。建筑所表达的和谐性,在一定程度上是指建筑风格的和谐。总之,在一座美丽的建筑中,每个建筑个体不必精雕细琢,不必呈现出其明显的不同,那样会脱离整体的建筑设计,失去建筑的整体统一性,也就没有美丽可言了。总之,和谐性具有三重定义:和谐的比例、和谐的表达以及和谐的风格。

和谐的表达,就意味着一种建筑的特性和用途的和谐,就像它的外在形式所表现的那样。例如,一座建筑的主题是亲密性、隐逸性和私密性,就像一个共济会大厅,或者一间乡村小别墅。如果有一个巨大的出入口,允许很多人随意出入,那么这个设计就是失败的。大多数英国大教堂,甚至是最好的大教堂,都存在着一个美学缺陷。这些教堂的西线建筑上存在着明显的不和谐的表达:教堂壮观的规模、丰富的装饰,虽然给人们以精神上的愉悦享受和被尊重的感觉,但是这种情景感受,被那扇狭窄的小门带来的令人反感的印象所破坏,因此这是一个自相矛盾的设计。

风格的和谐是指使用的建筑形式的和谐。比如装饰线条、装饰造型以及建筑材料等,而不是指建筑细节上的普通建筑比例的和谐。也就是说,在同一建筑中使用了两种形式,而这两种形式又分别属于明显不同的两种类别,那么风格的和谐就消失了。例如,在一座建筑中,一部分使用哥特式的大窗户和尖顶,而另一部分使用的是极具古典传统的风格,这样会给人一种不连贯、无条理的感觉。对任何美感而言,这都是一种致命的错误。风格的和谐,并不是说一座建筑必须严格遵循所谓的历史"风格"中的其中一种。因为建筑风格上的纯粹性与美学上所说的和谐性是截然不同的概念。不过,混合着不同历史风格的迷人建筑也有不少,但它们都具有这样一个特点:一个著名的例子就是巴黎的圣厄斯塔什教堂。这座教堂,在概念上绝对是哥特式的建筑,有高耸的拱顶和小的栈桥支撑着它们,还有巨大的窗户和小墙。但是仔细一看,它被细致地处理成了一种典型的古典风格,镶板的格子壁柱、科林斯式的柱顶以及带有文艺复兴时期装饰特点的装饰物,这些细节都被巧妙地加以修改了。所以坦白地说,这种被改进的古典风格已经适应了哥特式建筑的风格,二者就没有不和谐的感觉。在美国,许多最优秀的建筑都是免费参观的,其中就有很多这样的例子。罗马的拱门和古希腊的模塑结合在一起,建筑的整个处理方式都十分自由随意且都是现代的方式。美国波士顿公共图书馆的正面,就是一个体现了建筑完美和谐性的例证。它受欢迎的程度,足以证明它的建筑比例是和谐的。每一个建筑细节安详而庄严,从瓦屋顶的宁静线条到坚固而简单的地下室,都体现出和谐。风格的和谐也很明显。从整体来看,檐口似乎是加在整个建筑上的一个大王冠,圆拱则相当巧妙地与整体建筑融在一起。每一个细微的造型似乎都是建筑师怀着安静、恬适而又缜密的心来进行研究和设计的。正是这种统一、和谐以及明显的质朴和简洁的效果,使这座图书馆具有令人愉快且又迷人的魅力,完美的和谐性使它成为最受大众喜爱的美国现代建筑中的杰出作品。

建筑的第四个美学法则——层进法则，这是一个重要的法则。在平衡法则的讨论中，我们已经提到了一些关于层进法则的必要性。在一座建筑中，某些部分需要比其他部分更具有趣味性，更具有吸引力。当人们欣赏一座巨大的建筑时，如果没有一个突出的、明显的建筑个体可以让人们的视线停留，人们的眼睛就会非常疲惫，这种疲惫对于欣赏美来说是致命的。就像人们阅读长篇散文，但文中没有高潮部分，这样的文章读起来会让人们疲惫不堪，同时也会使人们失去欣赏美的耐心。但在建筑艺术上，对一个有趣味性的中心建筑的需求可能会少一些，甚至在某些建筑中，这种高潮部分会被刻意巧妙地处理掉，这完全是为了避开人们的注意。比如纽约邮政大楼，这座建筑似乎没有强吸引力的中心建筑，也没有高潮部分。事实上，整个宏伟的柱廊本身就是这座建筑的兴趣中心。柱廊巨大的建筑规模以及建筑主题有秩序的重复叠加，增强了这座建筑高潮部分的效果。特别是，这是一种大家公认的真实现象：当人们把一座建筑认作为一个四面的整体建筑，而不是一个单一的外观模式，那么建筑背面和侧面的简洁、不间断的建筑节奏感，无疑会引导我们朝角落方向看去，直到建筑的正面进入我们的视线。至此，我们面对另一番景象，一个新颖和丰富多彩的景象，宏伟的柱廊形成了整体建筑的高潮部分。美国华盛顿国会大厦的穹顶，能将整个复杂的建筑结合在一起，就是因为它占据了整个美丽建筑的统治地位；罗马圣彼得大教堂，它的圆屋顶也有着同样的，甚至更复杂和更重大的使命，因为其大部分的外部建筑都是光秃秃的、混乱的，以及不成比例的。然而，所有的一切都可以被忽略，因为巨大宏伟的穹顶就是整个建筑的中心，它已经完美地阐释了整个建筑的美。

没能满足这样美的条件是美国现代建筑的最大缺点之一。我们现代人非常偏爱有大量窗户的建筑，或者追求巨大、富丽堂皇的建筑观念。这些因素深深地影响着我们，使我们感到有些迷失和不知所措。美国的建筑师对此往往也感到沉闷、单调和乏味。如果当他在一个固定的地方集中表现他要表达的建筑特点，给人们以视觉上的享受时，他反而会创作出更真实、更简单的美。如果我们的建筑师们和建造者们一直牢记这个想法，我们的街道将会变得不同凡响！代替那种单调、乏味的大量窗户的重复，使这些窗户被镶嵌在墙里，其实也是一种毫无意义的、不实用的装饰。这里有一种单纯的、简洁的建筑，到处都蕴含着一种真正的美和优雅。它也许是一扇门，也许仅仅是一个小小的雕花板或盾牌，但却能牢牢抓住人们的视线。这样的街道将会是宁静而迷人的，就像费城的一些古老的小巷，或者是朴次茅斯、塞勒姆的那些可爱的小径。

有一点值得我们注意：这些伟大的美学法则，所得出的推论和结果具有明显的普遍性。事实上，每一座漂亮的建筑，不论作为一个整体，还是它自身的许多装饰个体，都有一个三重组成结构：开始、中间和结尾。例如，大多数令人愉悦的柱廊（除了希腊多利安式柱廊），都有这三个特征：一个结构底基、一个轴心和一个柱顶。美国波士顿公共图书馆有一个很坚固的基底层，上面有一个更高、更雄伟的部分，再上面还有一个屋顶和檐口。当人们分析那些令他们沉醉的建筑时，也会越来越震惊于这个三重组成结构的普遍性。高耸的摩天大楼，从它坚固的石砌基底层，到上面大量的、简单的砖砌结构层，再到它那顶装饰华丽的檐帽，或者是有玲珑孔眼装饰的胸墙，或者是向上的尖屋顶，以及它那简单的、古典主义柱式的顶部——柱顶过梁、雕带、檐口，人们在其建筑的每一处都会发现这三重形式。

对于这种情况的解释很简单。它类似于一篇文章，或者一篇演讲的理想结构——介绍部分，阐述、论证部分以及结论部分。当人们欣赏任何漂亮的事物时，会要求这个事物有限定范围，即有其顶部和底部。如果没有这种限定范围的、未装饰的建筑顶部和建筑基底，这座建筑很可能会给人带来一种惴惴不安的感觉，看起来也会不稳固。这就是为什么当人们看到一座建筑没有某些基本模塑或装饰带的建筑部分时,或者一座建筑的顶部被生硬地直接砍掉形成正方形时,总会产生一定的视觉冲击和不快的感觉。建筑本身的美,的确是基于一座建筑的轴心,但如果没有建筑基底和顶部建筑,毫无疑问,这座建筑不能令人满意。而且,通过大力渲染一座建筑的底基部分和装饰丰富的顶部建筑的方法,可以弥补这座建筑其他部分的糟糕设计。只要看一眼华盛顿国会大厦、卢浮宫的柱廊、纽约邮政大楼,或者波士顿公共图书馆,人们就会立刻发现这一原则。

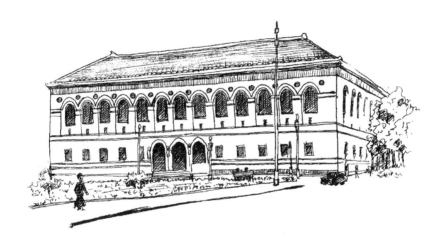

图 2—9　波士顿公共图书馆

这是由巧妙简洁的设计和各部门之间的和谐所产生的良好效果的例子

上面有关建筑美学构成的基础讨论,无疑是十分完整的。美学享受和艺术乐趣是个人的感觉,人们肯定存在着不同的意见。即使是所谓的已经定性的这种"法则",不同的人可能会有不同的陈述,而其他对美的新要求也会被列入到这个法则列表中。没有任何一种法则可以让所有人的意见都一致,因此上述的法则仅适用于一定的范围。这些法则不能只认定为是一种公式化的东西,它们也是对人们精神上的一种鼓舞和激励。真正的建筑艺术评论家不会止步于此,他们会将这些法则作为自己评判建筑艺术价值的基础。

其实,好的艺术与不好的艺术都是相对的,在建筑艺术这样复杂的艺术中更是如此。在如此复杂的建筑中,把这座建筑说成是好的,把那座建筑说成是不好的,这种言论都是不严谨的。欣赏建筑艺术是个人的事情,那些努力对自己所看到的建筑形成自己的鉴赏标准的人,那些试图对真实的、坚定的信念找出判断理由的人,比起那些盲目接受权威批评家的言论的人,在提高建筑艺术的鉴赏水平上其实做得更多。同时,读者必须记住,在这一章中我们仅仅论证了建筑艺术的广义层面。这种广义层面上的建筑艺术,仅仅被认作是一种枯燥和无生气的形式,而没有其他内容。但是,建筑艺术不仅仅是单调、贫乏的建筑形式,正如当人类的生活中没有了衣服、情感表达和成长的乐趣时,人类的生活就会变成光秃秃的形式。因此,建筑艺术的鉴赏除了必须包括纯粹的美学原理、审美观,还要包括人们主观上富于表现力的一面。而且,建筑艺术不可能以没有建筑形式的方式而存在。对建筑艺术的批评,要建立在理智的美学基础上,否则它仅仅是一种概念模糊、感性冲动的言论而已。这种审美的框架基础是本章最终要说明的问题。我们希望,读者一定要有自己的个性,以自身的观察视角来看待这个审美框架,直到建筑艺术的魅力不再被视为简单的几何比率,不再是模糊的、人们直觉上感知的事情。

第三章
建筑师的建筑材料

　　建筑艺术的魅力之一，就是它的组件元素在数量上很少，在结构上很简单。一座漂亮的建筑在于建筑师要深入研究那些简单和易于理解的结构部件之间的关系。除了世界上最伟大的音乐艺术，一座真正伟大的建筑作品，比人类任何其他的艺术作品都要更加的完美。建筑师可以发明、创造的东西很少，所以他们努力的方向一定是在一定范围内的，他们所做的事情会受到公众吸引力严格的限制，因此完成一件建筑艺术品是非常不容易的事。而且，建筑师能使用的建筑材料的范围非常有限，每一个他们选定的建筑材料都必须尽可能地做到完美。他们的作品中，如果没有任何面孔或者人类形态的可爱之处，就不会有人类感情色彩的魅力诱惑，那这座建筑就是一件拙劣的设计作品，而且会变成一种建筑的艺术缺陷。

　　建筑对人类感官的吸引力是由两件事产生的，即光和阴影在不同的表面上的表现，以及它所包含的建筑材料的颜色。反之，这种光影的作用是巧妙地处理那些建筑本身需要的简单组件元素的方式，而且，的确是由相当简单的组件元素产生的。人类的需求总是从必要的需求到对美的需求。原始人必须先搭建一间小屋,才能产生装饰它的行为。现在的情况是一样的:建筑师必须先建造出一座建筑,然后才能把它构建成一件艺术品。人们会本能地认为,最漂亮的建筑是那些最必要明确存在的建筑,而且是最富于表现力的建筑。因此,美丽的建筑是根据美学的要求,以及不断调整建筑的组件元素而诞生的。

人类的第一个家园很可能是简单开凿的洞穴。墙壁和屋顶是由粗糙或平滑的岩石构成的,但几乎称不上是什么真正的建筑。慢慢地,原始人尝试着用壁画装饰,虽然这是人类追求美的证据,但是,它似乎也与人类的人文科学存在着某种共同的发展之处。原始人想要表达的东西太简单,对伟大的建筑艺术的需求也很少。不过,这些东西对建筑评论家来说还是很有趣的,因为它们展示了墙和屋顶是建筑的基本要求:屋顶是用来抵御风雨的,墙壁是用来支撑屋顶以及形成房屋内部空间的,还可以用来抵御严寒。

直到今天,墙壁和屋顶都是建筑师最基本的,也是最重要的建筑结构部件,因为它们决定了整个建筑的形状和大小。乡村小屋、办公大楼、教堂以及工厂,所有需要墙和屋顶的建筑,以及这些建筑要求墙的形状和高度、凸面和凹面等,这些因素决定着一座建筑的美学组成和其产生的效果。它们的重要性显而易见。它们是一座建筑整个艺术方案的框架,对建筑来说,它们将会产生一种很强的建筑效果。

对于墙来说,最重要的是坚固。不论是石质的、砖质的、木质的,还是金属材质的墙,它都必须足够坚固、结实,并且能够抵御外部多变的恶劣天气,以此来完成它的使命。建造良好的墙,只需进行任意的、简单的处理就可以了,因为很容易就可以达到其坚固的效果。对于人们的视觉享受来说,没有比正确使用切割石壁更能使我们感受到建筑的庄严和宁静。如果我们在墙上增加太多的装饰物,墙的强度就会明显降低,就会使人们产生不安的感觉。

对于建筑的墙体，人们对它最巧妙的处理就是墙的结构。以一座18世纪古老的新英格兰农舍建筑为例。这座农舍隐映在紫丁香花丛和古老的榆树中。它有一块宽阔的护墙板，是一堵饱经风霜的灰色板墙。墙角有衬板包裹，上面还带有装饰精美的柱顶。这座建筑看起来那么优雅、令人愉悦和陶醉，这其中的很大一部分原因就在于它那简单而又宁静的、灰蒙蒙的木质墙体结构，墙角的木衬板又给人一种垂直的感觉，这种设计显然是为了达到这种效果而特制的。我们再试着找一些19世纪70年代的房屋建筑。这些建筑是使用镂花锯（竖线锯）镌刻成盘丝装饰，墙体的屋面板瓦被小心、仔细地切割成"Z"字型的曲折线条装饰，或者波浪卷式等其他形式。哥特式大教堂比如巴黎圣母院，人们乍一看，墙壁似乎布满了装饰，其实它留下了清晰的空间，那些装饰性的线条都具有强烈的建筑结构感，因此，墙壁要表达的内容被淋漓尽致地表现出来。其实，每一座优秀的建筑总是有这么个地方具有那种宁静而和谐的力量。然而，我们再到现代的一些城市，去看看引人注目的写字楼或公寓建筑。这些建筑的墙上到处是一种迷宫似的赤褐色的装饰点缀物，墙不见了，没有停顿、间歇，只留给人们一片茫然不安的景观。

图 3—1　法国巴黎的万神庙

人们所看到的圆顶建在内部圆顶上方，以达到外部的极致效果

同样的情况也适用于砖墙结构。在一座建筑中,一定有和谐和恬静的地方存在。在砖墙结构中,太明显的图案、色彩的变化太大都不太好,因为墙的整体性会被它打破,其力量感也会随之减小。在英国许多都铎式的建筑作品中,比如汉普顿宫,就采用了微妙而精巧的色彩、色调技术。这种技术不仅改变了单调、乏味的建筑结构,而且还不会影响到建筑的力量感。但是,它们一定不能过于引人注目。同样,把砖与石混合在一起使用,或者把砖与瓦一起混合使用是很危险的,那样也会破坏墙的整体性。但是,如果它们在重要的结构位置上,比如拱桥的关键位置上,或者是柱顶过梁、框架围绕着开口处,或者是在建筑物的角落里,比如外墙角,或者是顶墙、檐口、底基部分,再加上得到正确的设计和处理,比如在砖质墙体里加入石头,似乎还会加强墙体本身的坚固性。有时候,在一个有趣或者重要的位置上,添加一些元素,即使是一块盾牌或一块石板,也会非常有魅力。但是,低级建筑师和房地产建造商们随意地、大量地使用镶板、花环和盾牌这些作为装饰,其效果只会让人们感到混乱。所以,任何时候朴素、简洁而纯净的墙体设计总是比过度装饰的墙体设计要好得多。

另外,在建筑中使用石墙的嵌壁、镶板结构,同样是很危险的。除非它非常低调,不引人注目。简单而浅埋的镶板往往是迷人的,它们精致、纤细的线条似乎加强了墙体的强度和坚固性。但是,当它们被过于沉重的模塑、装饰性的线条所包裹后,它们就会显得粗俗不堪,墙壁的宁静感也随之消失了。木墙的镶板却是另一种情况,因为木材的结构特性,我们可以获得相对较小的尺寸,以及木材会不断地收缩和弯曲这样的情况就需要我们做一些处理,来更好地利用这种特性,因此木质镶板是一种合适的建筑材料选择,其建筑效果也会很好。但是,即使是用木质镶板,墙体也会受到沉重的压力。

由此,所有的墙体都应该做适当的处理。这样,墙体的功能和结构就会被表现出来。需要注意的一点,就是它们应该被谨慎、少量地装饰,而且这些装饰应该是建筑师们精心设计的,只有这样才不会削弱墙体的力量感。另外,建筑的和谐与恬静是十分必要的。这些墙体可能会有精心装饰的"帽子",或者用明显的底座建筑,来表达其基础的雄厚,而开口处的边缘或者边界,可能会用装饰性的线条,或者不同材质的雕饰来加强装饰。墙体甚至可以被安上镶板,只要镶板是精致而低调的,这种真实的表达就会自然显现。但是,如果镶板没有那种低调而庄严的外形,没有简洁与和谐的比例,那么这个墙体就不会有美感。

现实中可能会有很多种类的墙体结构。然而,普遍的常识观念一定是我们在建筑学上的导师,就像我们的普遍道德标准一样。建筑的使用职能决定着建筑的最终设计方案。我们的现代生活需要阳光,而且是大片的阳光;我们的建筑需要设计足够多的门廊,来方便人们的出入。一座建筑有太多的墙,而窗户很少,看起来就会像一个阴沉的坟墓;而一座有过多窗户的建筑,看起来又让人会感觉眩晕和不稳固。但无论墙的数量多少,一定要进行简单而明朗的处理,使它原本的功能表现出来。

我们在任何一座城市里行走,都会发现我们的建筑缺乏对墙体结构的尊重。虽然我们正在改善,而且和谐、恬静的墙体结构也正在慢慢地受到人们的重视,但是我们仍然任重道远。对于一座建筑,像纽约会议大楼,其强壮、坚固的墙体结构,显现出这座大楼的庄严、肃穆;或者像芝加哥郊区的一些新建筑的墙体,简单而恬静。还有一些建筑,如科茨沃尔德河谷那座简朴的、低调的英式小屋,或者是荒凉的新英格兰乡村的粗糙房屋。在这些建筑里,这些粗糙的半方材结构,或者是被灰泥粉饰过的石造建筑,又或者是手工制成的墙面板中,至少存在着一种因年代的久远而形成的古色古香的、具有丰富的感情色彩的美感。从这些简单完整的墙体结构中,我们会有一种真正令人陶醉、和谐恬静的感觉。但是,我们仍然有数以千计的建筑是这样的:它们被人为地强加了过多的、无意义的装饰,使我们的生活平添了许多烦躁而紧张的情绪,让我们的精神疲惫不堪。

屋顶的问题要复杂得多。对原始人来说,他们的第一个家,是某个洞穴,或者是仓促、草率建成的小屋。在某些时候,这样的建筑已经不能够满足他们的需求。他们发现,可以把树干放在土墙上,从而使他们的小屋有一个屋顶。所以,这里有两种主要的屋顶类型:第一种是平屋顶,第二种是坡屋顶和空间曲面屋顶。亚述人的基线浮雕,向我们展示了圆屋顶形的房屋建筑;原始人的棚屋,让我们回忆起圆锥形的房屋建筑。但是古埃及的屋顶,似乎一直都是平坦形状的。

这两类屋顶有不同的用途。平屋顶主要适用于那些炎热、干燥地区的建筑。它给人们提供了一个最实用的户外建筑。因此,我们发现这样的屋顶几乎在所有的东方国家,特别是在热带地区被广泛使用。在寒冷地带、户外生活相对很少的国家以及那些雨水过多的国家,他们为了迅速处理积水或积雪,最常用的是倾斜的屋顶。

最简单的倾斜屋顶是山墙(三角形)屋顶。但是,这种屋顶可以有很多种变形。古希腊神庙庄严、低矮的山墙屋顶——三角墙,是一种带有雕塑装饰的山墙;德国中世纪浪漫的、奇异的乡村别墅,其带有无数的陡峭的屋顶,样子就像高耸着的山峦的山峰一样。在整体感觉上,这一切都有着不同的效果和表达方式。在英格兰北部的约克郡,石头建造的房屋低矮而坚固,山墙很低,屋顶相对平坦。这种建筑效果,与起伏的沼泽和荒凉的、大风席卷的高地是和谐一致的。在瑞士,我们需要同样的、带有宽而平缓的屋顶结构的小木屋,这些小木屋必须足够坚固,来抵抗荒凉而恶劣的自然环境。这就是瑞士的一座小木屋,在当地如此可爱、如此完美,看起来又总是如此奇异的原因。如果把它安置在平原地带上,那么这种建筑立刻就会变得毫无意义。

屋顶对于保护我们的安全,帮助我们抵御自然界的恶劣环境是至关重要的。正是由于这个原因,房屋的屋顶与自然界的自然条件有着特殊的关系。在任何情况下,屋顶的设计都要考虑到外界自然环境的因素,使屋顶设计能够适应外界的情况。在缅因州海岸,有一些平屋顶的意大利式别墅。但是,这些建筑看起来使人感觉很冷,就像菲律宾人在科尼岛瑟瑟发抖一样。这样的屋顶看起来很奇怪,与周边环境的搭配很不协调、很不雅观,是一个非常不好的屋顶设计。那些看起来似乎已经坐落在它们所在的地方,并与周围环境形成了完美的和谐性的屋顶设计才是优秀的。

建造屋顶的材料,是屋顶设计中必须认真考虑的另一个重要的因素。瓷砖这种建筑材料是明亮、温暖、引人注目的。它看起来适合低矮的屋顶。因为太多的瓷砖会很引人注目,并让整体建筑本身失去它的价值,成为屋顶的附属物。就像一个小女孩,戴着一顶大大的帽子一样,很不和谐。石板这种建筑材料看起来让人感觉更冷,但是,这种材料适用于正式的建筑,更适合于相对陡峭的屋顶。石板材料的大量使用是现代建筑的一个充满希望的标志。同样,屋面板瓦被简单地处理过后,这种建筑材料也是很有吸引力的。茅草屋顶可能适合用于小花园,或者类似的房子里,但是它易损毁而且十分笨重,并不适合我们日常的生活要求。

山墙屋顶的样式种类繁多。它们的变化和多样性,给我们对建筑艺术的欣赏带来了更多的快乐和享受。那宽阔的新英格兰复折式屋顶——有两个斜面(双坡顶盖)的山墙屋顶,是许多迷人的古老小镇的魅力所在。无论这样的屋顶是小的还是大的,它们都十分坚固,而且朴素和温馨。因此这种屋顶被大范围地效仿,也就不觉得奇怪了。这种屋顶,只需要建筑艺术家考虑好屋顶斜坡的比例关系,屋顶斜率太低,建筑效果就会不太明显。这种屋顶设计在我们现代的郊区是很少见的,属于一种冒险性的设计行为。它还不能成为我们整个社会的标志性建筑风格。比如,新罕布什尔州朴次茅斯的华纳大厦,或者是下图中的老式农舍。

图 3-2　缅因州肯尼邦克的老式农舍

这所房子的魅力,在很大程度上取决于它的复折式屋顶的简单线条

　　另一种类型的屋顶——四坡屋顶,已经被人们越来越多地所使用,而且这种屋顶的实用性更强。这种屋顶的四面都是斜坡的设计,像是山墙屋顶的变形,四面都有斜坡。其效果是屋顶和墙之间的分界线,在建筑物的四边都是连续的水平线而没有山墙的那种三角形。这立刻使建筑产生了一种宏伟的庄严感,以及宁静、安详的感觉。这种感觉是非常宝贵的。法国卢瓦尔河谷的城堡,也许是世界上最具尊严的乡村别墅群,它们都有这种四坡屋顶设计。意大利的大部分别墅也都有这种屋顶,还有英国的许多格鲁吉亚式(英国乔治王朝时代)的漂亮宅邸。这些屋顶形式营造出的墙表面的简洁性以及这些屋顶自身的多样性和自身的魅力之间的这种差异性,屋顶自身的实际斜坡和交叉点的斜坡之间的差异,或者屋脊邻边之间的差异,这种差异性形成了建筑整体的艺术效果——庄严、安静、有趣、时尚。它与正式的建筑形式只有细微的差别。

图 3-3　英国剑桥附近的牛顿大厅

这是正规的格鲁吉亚式、四坡屋顶的一个例证

四坡屋顶也有很多种变形,如同山墙屋顶一样。四坡屋顶可以在屋顶交叉点处,增建一些凸出的装饰结构来进行变形,或者通过改变斜坡率来实现变形。哥伦比亚大学的四坡屋顶低矮而简单,舍农索城堡板岩屋顶雄伟而壮观,英国格鲁吉亚式庄园的屋顶和谐而恬静,这种差异性表达都能使人们对这种屋顶形式的适用性、可变性有所了解。人们还会使用斜脊和山墙屋顶的组合形式。比如,建筑物的入口处上方两侧,或者亭阁建筑部分都可以加盖山墙屋顶,或者三角形檐饰,而建筑物其余的屋顶部分则可以采用四坡屋顶形式。

屋顶还有一种形式——拱顶,特别是圆屋顶形。圆屋顶也许是所有建筑艺术中最具纪念性意义、最漂亮的屋顶形式。圆屋顶的表现力以及坚固性,赋予其在建筑艺术中一种独特的显著地位。这种屋顶设计将高耸的、轻盈的、耀眼的尖顶设计特点和古希腊神庙坚固的、结实的、雄浑的屋顶设计特点结合在一起。然而,就像所有珍贵的东西一样,它不能被误用和滥用。圆屋顶的形式,表达出其宏伟的规模、巨大的空间,以及巨大的力量感和强烈的尊严感。一座大型建筑物上配有一个小穹顶,这看起来几乎是自相矛盾的,除非这个小穹顶搭建在一种不重要的、具备较小特征的建筑上。比如,巴黎索邦神学院的天文台屋顶上的圆顶。此外,乍一看伦敦的国家美术馆,它那圆屋顶建筑给人一种很低劣、卑微的感觉。也并不是说小的圆屋顶永远是不好的。比如,有许多可爱的圆顶陵墓。像这样的建筑,在任何一种情况下都会是漂亮的建筑。这种圆顶的设计形态也是有各种变形的。其中一种只有半球形形状但没有圆屋顶。这样的圆顶设计,在大型建筑物中,一定是大的圆屋顶,它必须占据主导地位,否则其效果会是很失败的。这种设计在我们早期的某些州议会大厦建筑中可以见到。建筑师们虽然已经抓住了这种形式本身的美,但是他们没有领会到它所必须要占据统治地位的事实,把它们设计得太小了。这种圆屋顶应该是一直占据主导地位的。因为它在整个建筑体系中被赋予了至高无上的地位,是整体建筑设计的标志性建筑部分,它是整个建筑的统领核心。如果将其处于次要位置,不仅是荒谬、不合理的,甚至会造成整个建筑的混乱。

圆屋顶的魅力看起来似乎在于它持续、不断变化的曲率。事实上,人们从任意方向来欣赏它,都能看到。按照建筑师的观点,这种结构是产生变化最多的形式,同时也是最统一的形式。圆屋顶结构自身的魅力,甚至体现在文学艺术和神话传说中。

柯勒律治(英国湖畔派诗人)写道:"当一个画家在他的画作中描绘天堂,或者描绘他的梦想之都时,他会画很多圆拱顶。"再比如,阿格拉(印度北部城市)的泰姬陵,成为世界上一座无与伦比的陵墓;圣索菲亚大教堂,是伊斯坦布尔知名度最高的建筑;圣彼得大教堂,人们从坎帕尼亚大区(位于意大利半岛南部,亚平宁山脉南麓,濒临第勒尼安海)观看它时,它像缤纷的、闪耀着灿烂光辉的梦一般;圣保罗大教堂,在伦敦灰蒙蒙的烟雾中巍然耸立;哥伦比亚大学图书馆,著名的圆柱状入口优雅而强大。所有的这些建筑,都见证了圆顶建筑那深远的艺术影响力。这种艺术影响力已经超越了人类世界的想象。

图 3-4 圣索菲亚大教堂

在我们的想象中,这种圆屋顶设计,对现代建筑形式的影响力依然强大。美国国会大厦的建筑上方设计一个巨大的穹顶,并不是没有理由的。美国的州议会大厦也同样在效仿这种做法。我们越来越多地看到,圆屋顶设计在教堂和大厅里也被建造和采用。现代瓷砖这种建筑材料,使圆屋顶的建造更容易,付出的成本也更合理。随着我们对建筑的审美价值越来越敏感;对建筑简洁性的真正价值和魅力越来越有鉴赏力;对建筑艺术梦想的实现越来越迫切和渴望,圆顶建筑的需求也随之越来越强。如果我们的精神需要这种圆顶建筑,那么人们大可以放心,圆顶建筑将会被建造得越来越多。圆顶建筑理念被深深地植入到人类的想象中,我们不能长久地剥夺它应有的权利。在一片蓝色的天空中,好像浑圆的小山丘似的圆顶建筑群,蕴含着无限的简洁之美和雄浑的力量之美,它永远是令人难忘的。

这种屋顶类型是建筑师们所采用的主要屋顶类型,也是他们最喜欢的一种屋顶类型。然而,当我们在城市的街道上行走一段之后,会发现根本看不到任何屋顶。我们建造房屋时所使用的现代防水技术,已经取代了那些能防水、防雪的斜屋顶建筑。另外,还有一些因素,比如与我们紧密相关的经济成本;我们对空间不断扩大的需求;我们不愿意多花一分钱的心理。这些因素会迫使我们把房屋建造成简单的立方体——其顶部带有长腿蜘蛛似的水箱、劣质的棚屋,既难看又混乱。当我们面对一座建筑,比如教堂、公寓或者办公大楼时,这些建筑如果建有真正的屋顶,那些像蜘蛛网般的储罐都被隐藏了,那么这时,我们会产生一种巨大的解脱感。现在,所有人都把赞扬送给了我们新一代的建筑师——摩天大楼的设计者们。他们建造了纽约伍尔沃斯摩天大楼,以及大都会商厦。这些屋顶不仅是人类,连鸟类也可以欣赏到。这种建筑的影响将会不断扩大。在未来,我们将拥有大量圆屋顶式建筑的城市,以及大量建有不同屋顶形式建筑的城市。如果需要平屋顶,那我们就会设计出可爱的矮护墙,用通风的蔓藤花棚来装饰。这样美丽的地方,孩子们可以欢快地玩耍,妈妈们也可以惬意地休息。未来的城市将会变得魅力无穷,它的屋顶建筑焕然一新,既成为人们欣赏的景观,又适用于人们的社区生活需求。所有城市的屋顶建筑不再是丑陋而粗俗的,而是我们引以为傲的城市标志性建筑。

但是,一座建筑除了它的墙壁和屋顶,还有更多的东西需要我们考虑:它必须有出入、透光、空气流通的方式;必须有门,还必须有窗户。这扇门是从一个洞穴,或者一间小茅屋的入口发展而来的。当人类开始更熟练地掌握建造房屋的技术时,就会很自然地将两个直立的组件部分放在两侧,另一个组件部分放在两个直立组件部分上方的水平位置上,使洞口变成方形。最后再装饰这三个组件部分,让它形成装饰漂亮的门廊并方便出入。慢慢地,随着人类变得更加有想象力和胆量,他们开始扩大洞口,但他们发现无法获得足够的石头或木梁来架起门框,以支撑起上面的墙体。有一天,他们想到了一个绝妙的主意,把两块石头放在洞口两侧,让它们彼此向洞口上面的中间位置靠拢和倾斜,这样就形成了三角形的开口。后来,他们可能用三块石头代替了两块石头,再后来可能会用更多的石头,直到他们发明了拱门。这些情况只是我们的推测。因为拱门的发展历史是模糊不清的。迈锡尼(希腊南部伯罗奔尼撒区古城)城墙上著名的狮子门是这样一种原始的、三角形拱门。但是,无论是出于对装饰的热爱,还是由于方形门的传统形式,建造者们将一根普通的木梁,或者石砌的过梁放在拱门之下,并且在上面盖上一块雕刻着两头狮子的三角石,填补了上面的空缺。后来,人们建造出更多种类的拱门:半圆形的、节段形的,或者尖形的。从那时起,这些类型的门就一直受到人们的欢迎。

门口,或者大门的门楼,无论是圆形的还是方形的,这些地方都是早期装饰的主要位置之一。尤其是在像神庙和宫殿这样的大型建筑里,这些地方都被人们认真地装饰。对于建造者来说,他们可能是希望人们在走进这些建筑的时候,对至高无上的王权产生一种崇高的敬畏之情。由此,建造者们会将门装饰为整体建筑中最雄伟和最美丽的部分。因此,中世纪的建筑艺术家们,喜欢用圣人、圣童、贞女,或者代表善与恶的图形,来雕刻和装饰教堂门口,或者把"最后的审判"的壁画穿插在上面。总之,门口周围华丽而壮观的装饰,使人们十分敬畏基督教义中那些野性和温馨的神话故事。

装饰门还有另一个原因。当进入一座建筑物的时候,人们会本能地走到门口,而不是走到窗户或拐角处。出于这个原因,门应该处于一座建筑中最明显的位置。门是整个建筑里最漂亮、最有特点的部分。它常常使人们在不知不觉当中就对其有一种艺术的吸引力。所以,人们不会被其他有趣的建筑部分所迷惑,而是会径直地被吸引到门的位置。建筑师对人们的这种心理了解得太深刻了。但是,这种像磁铁般的吸引力通常是过于出风头的。从美学概念上来说,建筑师对这样绚丽的装饰往往是欠考虑的。一扇设计得很糟糕但很显眼的门,就像贫民窟商店里的服装销售员一样。当人们经过她所在的商铺时,她会抓住你的胳膊,喊叫着、哀求着,甚至几乎威胁你必须要进去买东西。在这样的经历之后,人们再去一个高级的、服务良好的商店,或者听到销售员温柔、亲切的声音,那会是何等的惬意! 当人们从许多丑陋不堪的公寓大门,走到一个真正高贵的大门的时候,比如万神庙的大门(万神庙位于意大利首都罗马圆形广场的北部,是罗马最古老的建筑之一,也是古罗马建筑的代表作),这种惬意的感觉会更加强烈。

所有门的装饰都有两种类型。它像万神庙的门一样,门上面可以是带有檐口的、围绕着门的框架,也可以是不带檐口的框架,或者它可以以更明确的方式强调侧面的支撑特征。第一种方案是两种方案中比较安静的一种。它产生的效果具有纪念意义。当然,这种门是一种普通而固定的类型。现代的门大多是木质装饰。这些装饰门框的好与坏,以及二者之间的差别是不能定义的。这是一种普遍的方式,而不是建筑比例的问题,更不是装饰规则的使用问题。它的框架,或者说柱顶过梁,正如它在古典风格中所描述的那样,如果它太宽,门看起来会超重。对于一扇门来说,上面的其他装饰部分一定不要显示出笨重的样子,毫无疑问,框架也不需要太纤细、瘦长以及太琐碎。对人们来说,他们在研究门框的时候,总是将目光投向门框与门之间的比例关系上,寻找框架本身能否带来力量感和庄严感。除此之外,模塑和表面的光线部分与阴影部分是否能够合理而精妙地搭配好,框架的外侧能否调节入口的阴影部分以及与整个墙体的宁静性之间的关系,这些通常是更复杂、更需要仔细考虑的问题。

在门的第二种装饰类型中,其装饰在门周围,实实在在形成了一种框架,但这一框架不是连续的。对于上面的支柱、过梁或者拱门,它们装饰的方式是不同的。例如,支柱可以用半露柱状,或者圆柱状装饰,上面的过梁则像古典的柱上楣构。在哥特式教堂中,主门通常用圆柱来装饰,上面的拱门雕刻成大胆的模塑。但是,这只是同一类型的一种变体。这种门饰在意大利文艺复兴早期很受欢迎。在美国殖民地时期,建筑的前门部位,以一种迷人的优雅方式进行装饰。在一定程度上,这也是很值得人们效仿的。

通常,我们会将这两种装饰方案结合在一起来使用。也就是说,我们会将一些圆柱状装饰和半露柱状装饰结合在一起,在其上面还会有拱门或者柱上楣构,它们一起被放置在一个非常显著的、连续的框架上,以此来装饰门。这样,墙的外观面积可能会被增加,直到形成一个真正的门廊或走廊,这个门廊可能会被建造成一个山墙或三角楣饰。

然而,即使是这种丰富的双重装饰,也不能满足某些热爱生活的人。因为对他们来说,门是建筑物外观最重要的部分。因此,他们把这扇门当作是整个建筑装饰部分的中心。它的每一侧,通常都有 1 米高,和整座建筑的高度都是一样的。有的国家看起来已经做到了这一点。这种类型的门几乎遍布他们的国家。例如,在中东地区的某些清真寺里,大门本身就被设置成一个拱形的小房间,通常有 12 米或者 17 米高,整个房间都镶有漂亮的彩色瓷砖。在伊斯坦布尔,许多清真寺庭院的入口都是这样装饰的:大门被设置成壁龛嵌入整面墙,而且通常用一个圆屋顶来装饰整个建筑。在一段长长的简单的墙壁上,这样的入口装饰所形成的富丽堂皇的效果,是一种非常神圣而伟大的美。这种美和其他部分相对比,产生了意想不到的非凡效果。在所有的西班牙建筑中,受摩尔式建筑风格的影响,他们对门的装饰技巧是卓越超群的。西班牙人似乎已经被摩尔式建筑风格门的魅力所深深吸引,并将其融入他们自己的用途和建筑形式之中去。在这方面,他们取得了显著的成就。在西班牙建筑中,最美的也许就是门廊和城楼。一堆精致的霜花装饰物点缀着黑色的大门,它们一层一层地向上,逐渐增加到檐口上,整个门被镶嵌在一处朴素而没有装饰的石墙上。即使是在西班牙巴洛克时期,当怪样的形式以及过分雕琢的、以浮华铺张为特点的装饰都被认为是时尚的时候,大门却仍然保留着一种势不可挡的力量感和魅力感。1915 年,在圣地亚哥举行的建筑博览会证明了这种门廊建筑的美,它那华丽的装饰,如此的狂野和奢靡。人们仔细研究后,发现门的周围有众多绚丽的装饰点缀物来掩盖平凡的墙体,也许这才是加利福尼亚州两次建筑博览会上,甚至是建筑史上最具价值的艺术瑰宝。

正如事物发展的那样,窗户也是从类似的、原始的洞口演化来的。而且,窗户的装饰处理与门的装饰处理非常相似。但是,即使大门和窗户具有类似的处理方式,门和窗户两部分对框架、柱桩和过梁的装饰的处理方式,也有着明显不同的地方。因为门的用途是让人进入的,窗户的用途是让光线进入的,而且它们的各种类型之间并不通用。

罗马和希腊的人们有很多户外活动。所以,窗户被设计得很小,而且很不显眼。直到后来,随着玻璃窗的设计和使用,才使建筑的窗户变得重要起来。普林尼(罗马学者)告诉我们:在罗马,至少在他的时代,玻璃已经被用于窗户。尤其在别墅建筑中,有时它们起着重要的作用。然而,窗户设计的真正发展直到中世纪才开始,并且完全与教会的发展紧密联系在一起。在古典传统的教堂里,窗户不是必需品。因为隆重的大型祭祀仪式总是在户外进行,但是基督教要求祭祀的地方能够容纳大量的民众。由此,这种新形式的祭祀场所就需要有光线。后来,窗户的大小和数量不断增加,一些哥特式教堂大多是以玻璃式的幕墙来设计的。

刚开始,这些窗户可能只是一个开口并没有装玻璃。后来,随着玻璃越来越常见,这些开口被玻璃窗所取代,这样的窗户本身就不坚固,因此它只能在宽度很小的范围内使用,甚至要用铁条加固。从法国南部黑暗的、厚壁的罗马式教堂到英国剑桥明亮、轻盈的国王学院礼拜堂或者法国的卡尔卡索纳大教堂,这种使用更多玻璃窗的设计,将更多光线引入到石质圆顶教堂的发展过程,也就是哥特式建筑风格的整体发展过程,它是经过一个长期的过程才发展起来的。

图 3-5　圣纳泽尔大教堂

哥特式建筑窗户的发展达到了高潮,墙壁的表面被缩小到最小,巨大的拱形窗户占据了它们的位置

在这个长期的过程中,早期的创新之一是在一个大拱门下安置两到三个细长的窗户。后来,一个圆形的窗户被放置在这些小窗户的上方,以填满这个空间;弧形窗放在拱门下面,以填满这个空间。这是哥特式

窗花格的起源。随着这种设计的开始,我们向新形式迈进了一步。窗户以及它上面的玫瑰花造型形成了一个框架,从而使整个墙面缩小。到了哥特式窗花格建筑风格的繁荣时期,这种框架越来越细化。比如巴黎圣母院十字型翼部的建筑部分;英国约克大教堂的西部建筑,都能看到这种建筑风格。在德国,窗花格的建筑风格发展到了更高的程度,但没有取得长久的成功。因为德国人更热衷于怪诞的、离奇的风格,最终导致这种优秀的建筑风格被其他形式取代。窗花格的建筑风格,后来被迫变成了怪异而又奇特的自然主义的形式,比如分支树状、国家鹰状标饰。但这些新事物的新颖之处,无法与法国和英国的窗花格的建筑风格所表现出的庄严、力量和简洁相比。

当然,玻璃在被普遍应用于民用建筑之前,各种教堂和国家的纪念性建筑,大都使用玻璃作为装饰物,这些建筑在那段时期,尽显奢华与荣耀。实际上,英国城镇周边许多相对较近的英国村舍里,也可以看到玻璃窗建筑,因为玻璃的成本太高,其数量和尺寸都很小。但是,在城镇的大型建筑里,玻璃的使用越来越广泛。直到英国伊丽莎白女王时期,弗朗西斯·培根(英国哲学家)抱怨说,他那个时代的某些房屋是用玻璃建造的,而不是用砖或者石头建造的,这样的做法使得整个房屋在夏天没有阴凉的地方,冬天又没有足够的抵御寒冷的功能。

英国的卡莱尔大教堂(两个壁龛形唱诗班建筑),是一个很有趣的例子,代表早期"横木"窗花格饰(两扇小窗在大拱门下面),以及精心设计的"垂直式的"并排窗花格饰。

图 3—6　哈佛大楼,位于英国埃文河畔的斯特拉特福

镶铅的小玻璃窗大大增加了古雅的半露柱式建筑的魅力

图 3—7　英国的卡莱尔大教堂

一个早期的"板式"窗饰(一个大拱门下面的两个小窗户),以及合理开发的"垂直"窗饰的有趣的例子

大部分早期玻璃窗建筑的巨大魅力,往往在于它是小型的玻璃窗,用铅条或者木条把玻璃窗边缘隔开,这样就能防止窗户看起来像墙上的一个个黑洞。这在我们的现代建筑中是非常常见的。我们现在有能力可以做出一块大的平整、明亮、干净的玻璃,但这种技术的发展在某些情况下却不断地在误导人们。因为对于小房子来说,放置巨大的整块玻璃,其效果不如我们祖先的做法。我们的祖先在小房子里仅仅放置小型窗格玻璃,这样的设计反而变得更具吸引力。想象一下,一座现代的半木制房屋,或者是一座现代的殖民地时期的住宅,窗户上都有一层厚玻璃板;然后再找一座真正的老式新英格兰的房子,带有小的长方形的窗格;或者一座老式英格兰风格,更朴实无华的房子,每扇窗户都可以通过简单的铅条或者铅板来划分成很多的小块,比较一下它们各自的效果。小窗格玻璃有一种真实的质地纹理,是一种连续、连贯的感觉,这是其他形式完全不具备的。而且,它还有一种吸引人的魅力:简单、朴素,以及一种强烈的归属感。当然也有例外,在一片美丽的景色中,比如大海、高地,或者是宽阔的城市街道,在那里的酒吧或者其他建筑部分,如果把窗外的整体景色分割开来,那么就适合使用一大块的平面玻璃来装饰建筑。如果在这里使用小型窗格玻璃建筑,反而不是很得体。

我们的城市建筑仍然处于令人困惑的境况中。建筑中的窗户仅仅是墙壁上的黑洞,因为它们很少再被用铅条或铅板细分成小块。在商业建筑里,尤其是商店和高层(统间式)建筑,我们的建筑师们似乎在努力着,谁能把最多的玻璃板用在墙壁的空间上,而使墙壁空间达到最小化!其带来的结果完全是灾难性的。纽约的新罗德泰勒百货商店,建筑师设计的橱窗是如此美丽,而且建筑师对建筑的强度也考虑得很得体。然而,就在距离这座建筑几条街道的地方,另一位建筑师建造了一座巨大的建筑。这座建筑的墙壁上有沉重的装饰,但是这些装饰的重量似乎支撑在一层光滑的、没有隔断的整块玻璃板上。看到这种景象,会不会有另一位培根（弗朗西斯·培根，英国哲学家）出来，抱怨说："这是一种不必要而且丑陋的炫耀。"

在这些必要的外部建筑结构里，最后还有一点需要考虑进来，那就是烟囱。在某些建筑中，烟囱还是整个建筑中最吸引人的地方。原始人必须要生火。起初，人们可能是在户外，但是在北部，人们需要在房子里生火、取暖和做饭，他们必须让烟排到屋外去，于是他们开始建造烟囱。烟囱是人类历史上时代相对较近的产物。原始部落仍然会通过屋顶上开凿的洞来排出烟雾。匈牙利下游高地的许多农民的房屋，到今天仍然有烟囱。当一列火车蜿蜒地穿过迷人的山谷，风景如画的景象映入眼帘，你可以从火车的窗户中看到村庄中的每个小屋都有一缕蓝色的烟雾，从各自的深屋檐形山墙的顶端飘出。那些开口其实就是小屋的烟囱。人们不愿意待在一个充满烟雾的屋子里，而且他们发现烟雾是向上升的，于是他们在灶台上面建造了一个垂直的烟囱。人们不记得第一次开始使用烟囱是什么时候，但在中世纪，带烟囱的建筑已经变得十分普遍。后来，烟囱的艺术性也得到了人们的认可。

在欧洲的北部国家，正如人们想象的那样，烟囱开始高速发展起来。直到今天，意大利的一些建筑中还带有烟囱，只是烟囱被设计得很小，人们尽可能地把它建造得低矮而不显眼。法国人或者英国人，比他们的南部邻居需要更多的火。他们每个房间都要生火、取暖，所以各个房间的烟道彼此汇集到一个大烟囱里是很自然的事情。因此，解决大量的烟雾排放是一个绝对不能忽视的问题，而这个问题也给了人们一个展现自己艺术天赋的机会。事实上，这似乎是一个特别吸引人的问题，因为烟囱以无数的形式存在于我们的生活中。在一座严肃而简洁的建筑里，如果用一个烟囱来点缀装饰，会有一种俏皮、可爱的感觉，整个建筑看起来也会显得更加温馨。

烟囱设计得好与坏的标准没有那么复杂。当然，如果说要有一个规则的话,那就是设计的烟囱看起来一定要像一个烟囱。伊丽莎白时代的某些房子,正是古典风格建筑刚刚开始流行的时候,烟囱的设计结构就是一种小的多立克柱式(古希腊建筑风格之一)的样式。每个烟道都是单独的圆柱,它们汇集在柱顶盘下面,形成一个帽子的形态。这种效果虽然很有趣,但不漂亮,人们很不满意。举一个例子,1570年到1583年,从远处看伯利庄园的屋顶就像一个高原上立着某个巨大的柱状建筑,像是没有屋顶的房屋,整个效果都被破坏了。走近一看,原来这个巨大的柱状建筑仅仅是个烟囱。从这一时期的前期,或者后期来看,英国人在烟囱设计上要幸运得多。他们非常巧妙地运用了砖块和石头,再用扭转法来改变烟囱的形状,使之成为多边形,从房屋各处看去,烟囱都会呈现出不同的设计,每个面都是不同的,然后把它建在一个坚实的基面上,用线脚装饰的烟囱帽盖住它。后来,英国人把他们的烟囱建成立方体同样成功了。每条烟道都在"帽子"上方用一个小的赤土色陶罐来装饰,并把周边镶上镶板。在法国,烟囱的艺术设计在文艺复兴时期同样很先进。但是,法国的烟囱相比于英国的烟囱,更有纪念意义、更正式,而英国的设计更可爱和俏皮,相对更随意一些。法国人喜欢高高的石质烟囱,并且把烟囱的风帽(简称"烟囱帽")很正式地镶上镶板,顶部还有雕饰带、挑檐等装饰物,他们不断地修缮它,强调出其结构和样式,让人们一眼就可以认识它。

居住在城市的美国人正在失去对烟囱的感觉。随着煤气灶和蒸汽供暖的发明,烟囱在城市中非常少见。这也是与巴黎、伦敦或者斯特拉斯堡的屋顶相比较,纽约或芝加哥屋顶建筑的发展惨淡的原因之一。没有成千上万烟雾缭绕的烟囱,无法让人们联想到生活在这里的成千上万的家庭,以及他们在烟囱下面生着火的欢乐场面。然而,我们对污水管里的排气管道却不怎么感兴趣。因为我们在那里很难找到任何魅力。对住在城市里的人来说,烟囱意味着另一种形式的浪漫。高耸的、细长的圆柱状烟囱，在暮色中矗立在繁忙的港口，在夜空中升起滚滚浓烟。这是一种工业发展带来的浪漫。

因此，当美国人在乡村避暑别墅或者农舍里建造房屋时，应该考虑建造一座适当的、装有烟囱的房子。我们必须记住先辈们那舒适而庄严的房子，那巨大的砖质烟囱，以及它们给我们带来的久远和朴素的魅力。我们不能让小小的烟囱乱糟糟地在屋顶上散落一片。我们应该好好地进行设计，让各个烟道汇集在大而庄严的大烟囱里，而且这个大烟囱还要与整体的房屋建筑相协调。

墙壁、屋顶、门、窗户和烟囱，这五个建筑部分，实际上是建筑师处理建筑的外部结构时要考虑的五个结构元素。正是从这些简单的元素中，建筑师通过精心地设计这五部分的形式，加上对这几部分的巧妙搭配和组合，以及适量的装饰，从而逐步形成一个整体建筑来供人们欣赏，陶冶人们的情操。这几个部分的内容很简单，但对建筑师来说，其局限性很大。如果这几个建筑部分都能够处理得很完美，它们将会是形成建筑艺术之美的重要原因。

第四章
建筑师的建筑材料(续)

　　建筑学历史学家的习惯是把大部分的精力放在外部建筑上。人们几乎可以从他们的研究中推测,建筑主要是一种纯粹的艺术外壳,其内核并不重要。对建筑不感兴趣的人中,有一半人认为建筑仅仅是处理那些奢华而又无关紧要的外部装饰的东西,这些是很少能提起他们兴趣的。然而,在现实中,建筑的整个发展和演变过程却证明是全然相反的。几乎建筑史上的每一次重要变革,都不是出于对建筑宏伟的渴望,而是因为不断变化的环境在促使新的内在需求成为必要。古埃及的建筑在很大程度上就是室内设计的问题,比如圣殿的庭院几乎是室内布景,多柱式大厅也是如此。古希腊神庙外部建筑的宏伟,是源于对存在内部的、至高无上荣耀的渴望。罗马建筑对人类文明发展做出的最大贡献是其设计的巨大的拱形大厅。它那庞大建筑结构的系统化,以及精心设计,与其引人注目的、威严的室内布景的需求是一致的。巨大圆屋顶的拜占庭式建筑传统是试图产生一座巨大的教堂的效果。而整个哥特式建筑的发展是为了追求完美的教堂室内布景,这样的建筑理念在各个时代都是一样的。而那些把建筑仅仅看作是纯粹外观品质的人,他们只考虑到整个建筑大发展中很小的一部分内容。

那么,按照建筑师的要求来研究建筑结构材料的问题时,考虑建筑物的内部需求和外部需求是非常重要的。两者之间有很多相似之处,但是也有很大的差异。整体建筑中的外部建筑部分,其功能是抵御恶劣的天气和环境,保护室内建筑以及避开不相干的人。而内部建筑部分作为被保护的对象,被如此精心地设计和布置,就是为了满足人们特定的、明确的需求。

因此,对建筑师来说,二者的相似之处在于这两者都是整体建筑的必需部分,不同之处主要是细节的处理。像早期的雏形建筑,首要的需求是墙。而且一般来说,内部建筑部分和外部建筑部分都对墙体的坚固性有要求。但是有一点不同,由于种种原因,建筑师在处理建筑的内部建筑特征时,他们可以有更多选择。首先,一座建筑物的内部建筑部分不受恶劣天气的影响。这样,建筑师在选择他所使用的建筑材料时就有了很大的自由,并且可以对建筑材料表面进行更丰富、更精致的装饰。其次,当人们在房间里,一座建筑的整体建筑结构,对于人们来说通常是不明显的。它不像人们站在外面,可以看到建筑物的结构。因此,内部建筑也不需要非常强烈的结构强度。最后,置身于一座建筑的内部时,人们通常会更近地看到室内的布景,而不是内部的结构。

由于这些原因,建筑师在建筑的内部设计中有了很大的选择自由。石墙可以被巧妙地镶上镶板,许多装饰丰富的模塑会被挂在石墙上;白色或彩色的大理石板可能被用来营造极其丰富和多样的效果,比如伊斯坦布尔(土耳其港口城市)的圣索菲亚大教堂、奇迹圣玛丽亚教堂(奇迹圣母堂),墙壁可能以马赛克形式进行装饰,或者着色上漆,形成鲜明而丰富多彩的效果。

图4-1　伊斯坦布尔(土耳其港口城市)的圣索菲亚大教堂(内部)

图4-2　奇迹圣玛丽亚教堂(奇迹圣母堂)

用精致的花纹大理石覆盖墙壁的一个例子

在较小的、不太正式的建筑中,这样的建筑可以使用木质镶板包裹墙面,也可以使用简单的灰泥,素色或有色的贴墙纸。所有这些不同的处理方法都是非常恰到好处的。墙上最美的马赛克嵌花、最美的壁画,能给人们一种习俗化、传统化的触动。这种绝对的、非现实主义的色彩和绘画艺术,对整体墙面装饰的效果来说,会给人带来连绵不断的坚实感和力量感。这样的墙面带来的所有的这些感觉,我们应该完全传承和保存下来。当然,也有例外的情况:一些非正式建筑的现实主义的、唯实论的装饰风格是非常美丽的,它被直白地称为"墙上的洞"。它可以点亮一间暗室,或使小房间产生一种延伸的感觉。在一般情况下,建筑师还是会考虑并强调墙的坚固性。

对于墙体的处理方式,木质镶板最合适。木质镶板的造价更低,是一种非正式的类型。路易十五时代风格建筑(为洛可可式风格)的奢华和殖民地时期建筑的简洁朴素,是它所能产生的多样性效果的例子。这其中的一个原因就在于,木质镶板本身就是一种结构形式,是一种从木材本身的性质自然发展而来的形式。此外,几乎每一种木材都有一种有趣、独特的纹理,其自身就带有表面上颜色的不同。这种特性,人们必须要很好地进行研究和运用。无论如何,我们可以拥有更多的镶板房间:在一个精心设计的格鲁吉亚式的大厅里,会有着高大、庄严的镶板装饰;或者在一个小巧、舒适而温馨的图书馆里,可以用一些小的黑橡木镶板来装饰,这种装饰可能比房间本身的数量还要多。它们可能会成为真正的建筑艺术品:真诚、美丽,而且不张扬。当人们开始珍惜我们祖先的镶板房间时,这样的建筑也会被我们的后代子孙所珍藏。

还有一件最重要的事情,是必须要提防采用那些对墙壁表面处理的风格只是风行一时的东西。建筑师可以使窗帘、挂饰和家具成为各种流派,比如未来派、印象派、现实派、激进派或者保守派。如果他愿意的话,建筑师可以用所有的"艺术主义"来装饰。但是,当建筑师选择对墙的处理方式时,他最好抛弃所有的"风格"、所处时期的理论,或者一时的爱好和想法,只需要仔细考虑最强烈和最美丽的表现形式、最适合它的用途,以及建造它所能接受的经济条件就可以了,还有最重要的是它要带给人们最舒适、最惬意的感觉。

如果说营造出恬静、惬意的感觉是设计墙壁时的必要条件,那么这种效果也是地板设计中必不可少的。例如,威尼斯公爵宫大楼梯平台上的地板是由黑色和白色的大理石设计而成的,这个设计就很不理想。尽管它的表面是平坦的,但它看起来似乎是由立方体做成的,有无数的点向空中延伸一般。这样的地板会给人们带来一种恐惧,因为几乎每个人都害怕踩到它。同样,地板表面的平整性被破坏后,这种地板设计所产生的效果也相当糟糕。无论使用什么建筑材料,都无法掩盖其设计上的失败。另外,写实的马赛克式设计图案、色彩过于浓重,以及那些图案非常明显而强烈的地毯,这些设计看起来似乎是从背景中升起的。这样的地板设计也都是不理想的,但东方的地毯却具有迷人的魅力。东方地毯的色彩也相当丰富,有时,甚至掺入明亮的红色、黄色,甚至白色,这些颜色错综复杂地互相交织、融合在一起,但是,这种传统的设计方式却没有破坏地板的平整性。同理,只有当彩色的大理石或瓷砖地板的外观具有完全的平整性时,这种地板的设计才会成功。

地板的平整性效果是地板设计的一个准则。石头或砖块、木头或大理石、瓷砖或地毯——无论使用的是哪种建筑材料,都必须满足这一准则,因为它的用途是让人在一个平坦和干燥的表面行走。原始人第一次是用泥土来铺平洞穴的地面,后来使用平坦的石头、木板、动物皮毛,以及布匹。人类付出巨大的努力来使屋内地面变得平整,即使只是表面的平整,他们也从未放弃过尝试。

但是,建筑的内部不仅需要墙壁和地板,它还需要很多的东西,比如能覆盖住顶部的建筑。与外部的屋顶建筑相对应的是内部的天花板,它是一座建筑的另一个结构需求。屋顶把整座建筑的高度都扩展开来,天花板只不过是屋顶的室内布景。如果屋顶是倾斜的木质结构,所有的结构部分都会暴露在椽子上;屋顶板的下面,桁架会支撑整体的结构,这些地方都可以进行装饰。这样建筑内部的顶部产生的效果就不再单调、枯燥。在这样一个"开放的木结构"的屋顶上,有一些令人印象深刻的东西:这些裸露的支架互相结合、交叉,产生了明显的支撑力量,并且这种纵横交错带来了光与影的丰富性。这看起来很复杂,而实际上又有系统性。这些在上面隐藏着的结构几乎是坚不可摧的,具有其非凡的魅力。让我们回忆一下,伦敦的威斯敏斯特大厅、汉普顿皇宫大厅、英国的都铎王朝教堂,或者佛罗伦萨的圣米尼亚托教堂,这些建筑的天花板都具有丰富多彩的装饰。这些建筑形态清晰地涌向我们的大脑,但同时也让我们感到好奇:为什么这么多年过去了,这种建筑形式在我们的现代建筑中却如此罕见!直到近年来,它才又重新开始受到人们的青睐。全国各地的教堂、大楼大厅和图书馆越来越多地展现了它强大的"魅力"。比如纽约联合神学院的小教堂、纽黑文市耶鲁大学的大礼堂、奥尔巴尼简单而又庄严的新教大教堂。这些建筑不过是其中的几个例子,而且人们希望建筑形式的数量每年都能有所增长。

　　钢框架的屋顶与玻璃结合时,其具有的强度和复杂度的魅力同样吸引着人们。纽约宾夕法尼亚火车站的中央大厅,是一个恰当的例子。这种建筑形式在现在应该是很常见的,但是在以前人们还不习惯使用钢铁这种建筑材料。钢铁曾一度被人们认作为众多丑陋工程建筑的起源。但是,人们忘记了一点,它可以成为建筑美的一种方式。人们对钢铁的审美厌恶来自前拉斐尔派时代。在那个时代,钢和铁意味着系统和机械,而系统和机械意味着一切都是邪恶的。而且,人们的这种偏见越来越深。而那些极端激进分子高喊着钢铁应该无处不在,他们像意大利的未来主义者,更像众所周知的一个谚语故事:小男孩拿着他的新玩具,在上面写上"愿望"。这些极端的激进分子以此来反对所有过去的旧建筑形式。在这种封闭的状态下,建筑艺术演变和发展出一个庞大的、钢铁怪物似的建筑体系结构,但我们的建筑师是可以成功地克服人们对钢铁的偏见的。建筑师需要有节制地使用这种建筑材料。这样,所有的赞美都会涌向建筑师。我们前面刚刚提到的宾夕法尼亚火车站,就是一个很好的例证。这座建筑具有可爱、轻盈、安全和优雅的特点,堪称是建筑的奇迹。在这座建筑里,石头、钢铁、瓷砖和天窗看起来几乎完美地结合在一起。未来可能会有更多类似的建筑出现,解决同样的问题,展现出它进一步的潜力。当然,人们也一定会取得同样的成功!

我们所探讨的天花板仅仅是屋顶的内部。但是大量的建筑物天花板在屋顶之下,而且在很大程度上,它们与屋顶是分离的。还有一种是地板下边的天花板,这是天花板类型中较大一类的天花板,地板本身就构成了天花板,所有支撑地板的横梁和大梁都暴露在外。在一个固定大小和高度的房间里,这种天花板有同样的结构魅力,就像一个开放式的木屋顶一样。在佛罗伦萨的达万扎蒂宫,有那么几座天花板建筑。这些天花板部位有两到三个巨大的大梁横跨在房间里,小梁从一个大梁到另一个大梁之间相互穿梭靠近,并且几乎是均匀的、一致的,这样的天花板是很漂亮的。它们呈现出庄严而不夸张的效果,拱顶和平坦的石膏天花板都没有这种更华丽和更优雅的美。但它们也有自身的缺点。首先,任何住在乡村小别墅里的人都知道,这种没有真正的天花板的房屋的噪音是非常大的。如果上一层的地板上掉落一个大头针,其产生的声音就好像是一颗钉子从上面掉下来。如果是只鞋子掉下来,简直就像爆炸。此外,这样的房屋居住起来很冷,而且没有地方可以铺设电线或者管道。因此,人们通常会在横梁下搭建某种类似覆盖物的东西。这样,随之而来的这种设计看起来也就不足为奇了。其实,在有些情况下,这样的房屋通过人们的改造,也可以达到既美观又舒适的效果。我们可以直接在小梁下涂抹灰泥增加厚度,或者把灰泥抹在地板和横梁之间的半层。有时,人们通过在天花板下面建造假梁来模仿这种效果。严格来说,这种设计是不合理的,"假"的特点过于浓重。但是,有时它的效果会令人很满意。而且,对房间的设计来说显然是必不可少的。从这一点上考虑,这种"假"是完全可以谅解的。这充其量是一种结束的手段。在有些情况下,这种"假"被认为是一种对艺术的侮辱,就像一个有冒险精神的建筑师,用许多五厘米见方的小木棍搭建出一个三米见方的公寓房间,并且认为这样可以营造"气氛"一样。所以,使用简洁的、平坦的灰泥表面,要比这种设计好一千倍。

这种有梁的天花板的发展,在文艺复兴时期达到了鼎盛。意大利人很快就发现,达万扎蒂宫天花板的简化方法可以进行多种变形,使其更具多样化。他们把所有的横梁都做成了同样的厚度,并以垂直的角度互相交叉、填充正方形或者长方形镶板之间的空隙,这些镶板都是上过漆、雕饰过的。在通常情况下,横梁的下方(天花底、拱腹)本身就已经被装饰过。有时,为了放置大镶板,这些横梁被安排在中间,用巨大的"壁画"装饰。壁画周围有壁画框,这些壁画框再用一些更简单、更小的图案进行装饰。接着,使用斜梁和曲梁,以及八角形的、方形的、长方形的、星形的或者椭圆形的各种镶板,直到对建筑师的各种设计没有了阻碍和限制。这种装饰丰富的天花板使用在大房间里,其效果是最好的。坦白来讲,它们仅仅是一种裸露的支撑物。但是,经过我们的改造,它们最终被发展成为一种装饰物和鉴赏品,这是多么美好的事情。木头本身的颜色、形状各异的镶板模具,也许有些镶板上还带有壁画装饰,这些都是建筑装饰的原始素材。在纽约公共图书馆里,我们抬头看看主展厅的天花板,然后再看看主阅览室的天花板,丰富感、力量感、精致感、温馨感和尊严感交织在一起,令我们十分震撼。可以说这样非凡的效果,世界上没有哪个类型的天花板能与之媲美。

比这些平坦的天花板更有趣的是那些弯曲的天花板,其中人们最熟悉的是那些拱顶建筑。拱顶,以其最简单的形式,仅仅是一个连续的弓形结构。最初的排水管道,以及后来有些国家的建筑天花板所需要的石质或者木质的横梁很难得到,在这些特定背景下,拱顶结构才开始被使用。这也是拱顶结构最初被使用的地方。伟大的亚述和巴比伦宫殿,它们那狭长的大厅,被这种桶形穹顶作为天花板精美地装饰着。但是,这种拱顶是用一种易腐烂和毁损的、晒干的砖砌成的。现在这种砖都已经绝迹了,只有那种大型的厚壁被保存了下来。亚述的传统拱顶建筑,对西亚国家的建造者们只是断断续续地产生了一些影响,但是对罗马人来说,他们认为亚述的传统拱顶建筑完全是现代欧洲所有拱形建筑的起源。罗马人很快就意识到拱顶的巨大价值。在宏伟而空旷的大厅里,拱顶作为屋顶再合适不过了。于是,罗马人用他们惯有的独创性和敏锐的建筑灵感,研究出一种新的建筑方法,来把这种拱顶形式发展到极致。他们不满足于平直的桶形穹顶,越来越多地使用技巧,设计出各种交叉的拱顶和圆屋顶。由此,人们也开始了这种伟大的拱顶建筑的传统。这种拱顶建筑形式在整个哥特式时代、文艺复兴时期,包括现代被普遍应用,并不断地走向辉煌。

在进一步深入探讨拱顶设计之前,我们有必要对拱顶的形式,以及它对整体设计的影响进行一下解释。任何一个拱顶,比如拱门,无论它的形式如何,其不仅仅是支撑物向下的重力,而且还有侧向的推力。拱顶就像在一个滑溜溜的桌面上建造纸牌屋一样,除非这些纸牌不被摊开,否则整个纸牌屋都会坍塌。标准的拱门由许多楔形的(V形的)石头组合在一起而成。每一块石头的重量都会使拱的开口越来越宽,直到整个坍塌。拱顶也是如此,它总是倾向于向两侧推挤,而且这种推挤是一种强烈的向外扩张的力量,我们称之为"推力"。在一个桶形穹顶里,这个推力是沿着拱顶的整个长度持续的,因此支撑它向上的周边的墙,一定要非常坚固,以防止拱顶两侧的推力会使其倒塌。然而,这样的重墙,价格是很昂贵的。因此,在目前的情况下,除了在小型次要的位置,或者拱顶的跨度很小的情况下之外,这种桶形穹顶很少被人们所使用。

图 4—3 万神庙(内部)

这个无与伦比的内饰展现了当一个简单的圆顶被正确对待时的引人注目的尊严

圆屋顶是另一种意义上的、连续的拱门。一个拱门,在与它自己的跨度成直角的直线上连续不断地延伸时,就形成了拱形穹顶。想象一下,这种同样的拱门以它的中心和最高点为轴心,然后旋转,结果是一个圆形的圆顶,一个圆形的半球。这种美丽的形式已经被提到过,因此我们不需要在这里再详细说明。基于同样的事实和道理,它也适用于圆屋顶天花板的内部结构和外部结构。而且,其显现的艺术效果也是一样的:宏伟感、力量感和轻盈感交织在一起,魅力无穷。但是,我们要牢记以下几种类型的圆屋顶。第一种是罗马圆屋顶,如罗马万神庙。这种圆顶设计是设计师内心的表达。它的内部效果表现了至高无上的尊荣和神圣。万神庙外观的欣赏效果并不取决于圆顶,而是取决于入口的柱廊、门口和巨大的圆形墙壁。从近旁观赏,圆顶本身是完全看不见的。当人们进入这座宏伟的建筑,再站到中央的位置,抬起头就会发现,一顶巨大的、华丽的大圆屋顶从四面八方涌入眼帘。优美而辉煌的凹形曲线和天花板上许许多多的花格镶板与下面的墙壁形成完美的比例关系。

拜占庭派的建筑师们是另一类伟大的圆顶建造者,他们致力于使圆顶的内部和外部产生同样震撼的效果。他们通过在一系列更小的半圆顶和辅助的拱顶之上,提高圆顶的方法,来完成这一目标。这样,内外都有一种在高度以及宽敞度上的美妙效果。圆顶嵌入圆顶,拱顶嵌入拱顶,直到完成整个至高荣耀的主体大圆顶。圣索菲亚大教堂是这种建筑设计形式早期的完美体现。所以几个世纪后,当伊斯坦布尔被土耳其人征服时,将这座教堂作为他们修建更大清真寺的典范模型。而这之后的圆顶建筑,其辉煌的程度仅次于圣索菲亚大教堂。

在文艺复兴时期,建筑师们在不同理念的影响下,仍然努力奋斗着。他们开始探索一种比圣索菲亚大教堂具有更低比例的圆顶,更像万神庙的圆顶。但是,鉴于教堂的长度,他们必须拥有一个更高的圆顶,才能产生外部效果。因此,一种包含两个甚至三个薄壳屋顶的圆顶建筑得到了发展。在这种建筑中,圆顶的内部与室内效果成比例是唯一的建筑参考,而圆顶的外部与外部效果成比例则是唯一的建筑参考。在这两个薄壳圆屋顶之间,有时会有第三个圆屋顶,用来支撑"提灯"的重量。那是一个小的、有许多窗户的圆顶阁,它取代了罗马圆屋顶的"眼"。这样的圆顶建筑有许多。比如罗马的圣彼得大教堂、伦敦的圣保罗大教堂、巴黎的万神庙和巴黎荣军院,以及美国大部分的议会大厦。

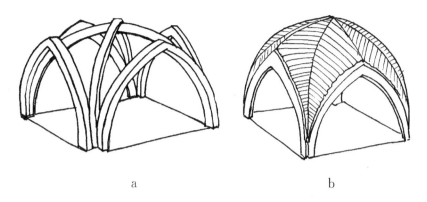

a   b

图4-4　哥特式肋型拱顶

a展示的是单独拱肋架构;b展示的是拱肋架构已经被装饰后的拱顶

　　简单的罗马圆屋顶,除了其外观渺小之外,还有另一个缺点。它和桶形穹顶有着同样的缺点:这样的圆顶有一种连续的、强有力的侧推力。要想抵消掉这些侧推力,就必须建造一堵巨大、坚固而沉重的墙。罗马的建造者们为了避免这堵墙的需要,不断地努力找出铺设屋顶的新的建造方法。很快,他们想出了一种交叉拱顶的解决方案。交叉拱顶是由两个拱顶互相交叉垂直而成。换句话说,想象一个正方形的房间,屋顶是桶形穹顶。其中两堵墙是拱形的顶部,而另外两堵墙则是直的顶部。现在让我们再取一个同样大小的另一个拱顶,把它垂直穿过房间,放置在另一边。然后,我们把多余的部分都切掉。最后,就形成了一种交叉拱顶:房间的四面墙现在都有拱形的顶部,整个拱顶的重量和所有的推力都集中在角落里。在这些承重点上,我们很容易建造出大量的砖石建筑来抵消这些推力,不再需要厚厚的墙。与此同时,这种形式的拱顶给人一种高度感和庄严感,而且光和影在其不同的表面上也会有微妙的变换,显现出的建筑效果非常有趣。这是简单的桶形拱顶永远不会有的效果。因此,罗马人把这种拱顶作为他们最喜欢的形式。他们巨大的公共浴室,由于使用了这种形式的拱顶,而成为令人们无法忘怀的宏伟宫殿。

　　在中世纪,交叉拱顶是当时最伟大和最主要的建筑形式。哥特式建筑的发展主要依赖于它的需求。但是,哥特式建筑的建筑师们和罗马建筑的建筑师们一样,在提高巨大拱顶的高度时遇到了困难。他们寻求某种方法来减少必须同时建造的表面。因此,他们采用了"肋"形拱顶。在真正的"肋"拱中,所有的"肋"式架构都是事先建造好的。每一个"肋"都是一个拱门,都是自承重的。然后他们在这样的框架里,填满了很轻的砖石结构,"肋"之间的每一个间隔都是被单独建造的。后来,尤其在英国,建筑师们越来越喜欢这些"肋"式结构的装饰效果,他们开始成倍地增加这些"肋"的数量。起先是使用一种简单的方式。比如,林肯大教堂唱诗班的建筑。然后,当他们的技术变得更加熟练的时候,就会把这种结构运用到更复杂的建筑网络里,称之为枝肋拱顶建筑。比如格洛斯特大教堂。但是,这种过多添加"肋"式架构的做法,最终却使其自身的发展走向了尽头,因为"肋"的结构特点消失了。直到最后,我们再看它时,会感到很困惑,感觉它好像变成了扇形拱顶,而不是"肋"形拱顶了。威斯敏斯特大教堂中亨利七世的小礼拜堂、剑桥国王学院的小礼拜堂就是这样的建筑。迷乱的"肋"式架构,仅仅变成了拱顶的一种石头雕刻而成的装饰物而已。像古罗马的拱顶建筑一样,样式统一但不是哥特式。由于这些扇形拱顶是一种非结构性的性质,以及它高昂的成本,它们在我们的日常生活中几乎没有被普遍采用。我们应该试着用更结构化的方式来感受丰富的建筑内涵。

图4—5　威斯敏斯特大教堂(内景),位于英国伦敦

这个大厅由于其宏伟的开放式木结构天花板的强度、优雅和神秘感,而具有许

多美感

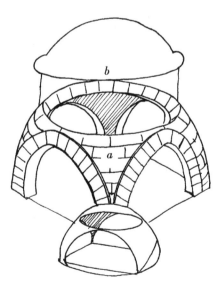

图4—6　穹隅(圆屋顶过渡到支柱之间的渐变曲面;斗拱)

a是穹隅;　b是基于穹隅建造的圆屋顶

　　在拱顶设计方面,文艺复兴时期的建造者们为了找到一些灵感,他们追溯回罗马时期的一些建筑。但是哥特式建筑师们的"肋"形拱顶已经保留下来,尤其是在法国。法国人对这种形式的拱顶印象太深刻了,根本无法忘怀。因此,文艺复兴时期的拱顶形式建筑,比罗马时代的更丰富、更多样化。建造者们从罗马人、拜占庭人和哥特派人那里学到了同样的技巧,并不断地运用他们的知识来提高建筑技巧。从罗马人那里,他们学到了交叉拱顶形式;从拜占庭人那里,他们学到了帆拱形式,一种在正方形上支撑一个圆顶的简单方法;从哥特人那里,他们学到了"肋"形拱顶。其结果是:罗马的法尔内西纳庄园里迷人的凉廊(门廊),还有罗马的玛达玛庄园、波士顿公共图书馆的入口大厅、圣彼得大教堂,以及伦敦的圣保罗大教堂,在这些建筑中都能看到各式拱顶的魅力。

图4-7　意大利佛罗伦萨的维琪豪华宫殿

文艺复兴时期的艺术家们用彩绘的拱顶创造出迷人效果的一个例子

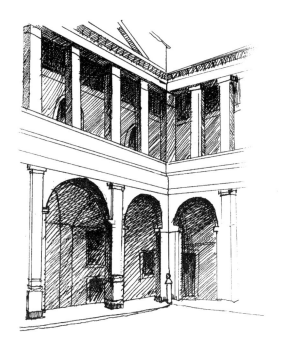

图4-8　圣玛利亚·德拉佩斯修道院

这是变为两层建筑，但节奏联系优雅的一个例子

　　我们的现代建筑正在见证拱顶建筑的再次复兴。由于使用钢铁铺设大型屋顶既容易又轻松，有一段时期，各处的建筑都普遍采用这种形式来建造屋顶。钢铁的使用几乎使整个拱顶式建筑被完全抛弃。但是，不断发展的建筑新技巧正在复兴它。一些建筑师和工程师发现了一种瓷砖拱顶，这种材料建造的拱顶，坚固、轻盈、亮丽，而且价格便宜。于是，这种瓷砖拱顶，开始越来越多地被人们所使用。有了瓷砖这种建筑材料，建造圆形拱顶比其他任何形式的拱顶都要更简单。所以，圆顶建筑又走入了人们的生活，又获得了大众的一致追捧。有某种新拜占庭风格的建筑，就是由它的使用产生的。这些瓷砖拱顶的适当运用，是一种新兴事物。瓷砖拱顶的建筑设计，是现代美国对建筑发展的真正独创性所作的贡献。因此，让我们紧跟时代，充分欣赏它们的美丽和真诚吧！

这种瓷砖拱顶,快速而广泛地被人们所使用,意味着它是我们这个时代最具希望的审美标志之一。我们可以满怀信心地展望未来,在未来,我们不仅要美化教堂和纪念馆,还要美化我们的家园。

对于门和窗户室内部分的处理,这里就不必说了。如果它们的外部处理得当,那么对它们的内部处理自然也就是正确的。除了墙体的处理之外,门和窗户被发挥的自由空间可以更大。然后,还有一个需要考虑的问题,是有关结构性需求的问题——基墩(支柱、脚柱、结构底座)和圆柱。圆柱所要讲的大部分内容都在下一章,目前圆柱的使用几乎完全是装饰性的。关于基墩(支柱、脚柱、结构底座),它本质上仅仅是一种桩,主要是对中间建筑部分起到一种支撑作用。例如,房间的宽度如果太大,一根横梁或者一个拱顶不能横跨整个房间,那么就需要把这个大房间细分成几个单独的部分,中间放上几个相匹配的这种桩来支撑,但这几部分还是属于这个整体。随着时间的推移,人们开始简化一些结构,使这种桩的周围看起来更轻松、更自由;后来,他们把整个"桩"都变成了圆柱。例如古埃及神庙的大殿。这些圆柱被大批地使用,给人一种巨大的神秘感和规模感。在北方的许多国家,那里的木材更丰富、充足,圆柱建筑很可能是通过使用树干作为支撑而发展起来的。圆柱比起方形基墩更有一种优雅感,但是另一方面,方形基墩比圆柱更坚固、更简单。其实,每一种形式都很好。世界上令人印象最深刻的那些建筑,都要归功于精心巧妙的使用基墩和圆柱,每一种形式都有其独特的地方,都为整体的美感做出了特别的贡献。例如,罗马的圣玛丽亚·德拉佩斯修道院的回廊。在这里我们需要注意第二层的基墩和圆柱,以此来对比下面的基墩和拱门是如何使用的!同时,我们也可以看到整体的平衡性和节奏感。

基墩(支柱、脚柱、结构底座)是一个非常简单的元素,人们很少精心设计它的形状,除了给它设计一个"帽子"和底座,就没有什么了。这里不包括哥特式建筑的建筑师们。哥特式建筑的建筑师们是非常热衷于建筑的结构性设计的。对他们来说，一旦有了交叉拱顶的设计理念，就很自然地希望看到这种形式被运用到地板上。他们的做法是把基墩设计得非常复杂，在每一根"肋"下都有一个突出的外观投影。在这样一种用线脚装饰的基墩上，垂直的阴影不断累积，让它们最终能够表现出这个复杂的基墩，并且不用考虑上面的"肋"就能充分地塑造它。他们的后继者——文艺复兴时期的建筑师们回到了简单的基墩设计理念里，稍稍地把它改动了——使用壁柱（半露柱），比如圣玛丽亚·德拉佩斯修道院的回廊建筑，这些建筑甚至把基墩（支柱、脚柱、结构底座）当作一整块简单的矩形砖石建筑。

这些结构上的要求，是一名建筑师在他的设计中必须要考虑和处理的问题。这些结构是每一座建筑里都含有的基本组件元素。建筑师必须要把它们建造得十分精美。墙、屋顶、门、窗、烟囱、天花板、拱顶和支撑物，这些都是建筑师在建筑设计里必须要提供的元素。而且，建筑师必须以一种美观的形式，把这些组件元素巧妙地组合且精心地设计，甚至在他考虑装饰细节之前就要先想好这些。这些必要的组件元素，对于那些想要欣赏建筑的人们，这些是他们必须首先要了解、分析、鉴赏的部分。即使是最伟大的建筑，它也必须要达到构件之间完美的组合和设计，而且这些构件还要有完美的装饰。但是，装饰是次要的，再多的漂亮装饰，也不能弥补糟糕的建筑构图。建筑的基本要素、必需的构件，以及它们之间的关系和设计安排，必须始终第一时间出现在建筑师和批评家的头脑中。

第五章
建筑的装饰素材

　　接下来的两个章节,我们将介绍建筑师们是如何通过建筑结构要素的自身构造以及它们相互之间的组合设计,来进行建筑艺术的创作,并满足人们对美学的追求。如果这些结构要素经过人们正确的处理和运用,就会建造出一种美观的建筑。它们纯粹的简洁性,会使建筑产生一种伟大而震撼人心的美。然而,即使这样的建筑十分简洁,但是当人们看向它时,其光秃秃的外表会给人们带来一种还没有被完全建造完的感觉。而且,尽管它有一种强大而坚固的力量感,但是它看起来更像是一种工程而非艺术。从远古时代起,人类就开始装饰那些对他们有用的东西。人类不断地发挥想象力,精心地设计和改造,直到把自己所需要的东西以一种美的形式呈现出来。

　　这种建筑装饰的传统,几乎成为人类某种精神上的需求。当这些建筑被装饰得美丽时,也不会失去它们的力量感。建筑的内在美给装饰者带来了巨大的创作灵感,也给了他们最好的机会来展示他们的才华。这就是建筑艺术的魅力。建筑纯粹的必要组成元素和结构,以及它们自身的美,已经成为建筑师们的灵感来源,并赋予了建筑师们一些机会,创造出美丽而伟大的建筑艺术作品。建筑艺术紧随着文学艺术魅力的步伐，以另一种最完美的表达形式，真实地记载了人类生活的历史。

这种装饰元素在建筑艺术中占有的地位是非常重要的。对于一些艺术批评人士来说，建筑只是装饰而已。他们仅仅通过建筑装饰来欣赏建筑艺术，这种观点是某些艺术批评家的片面理解。这些批评家认为所有这样的建筑都是浪费时间和金钱，因为建筑师们可以以更低的成本建造同样坚固的建筑。对我们绝大多数普通人来说，极端的观点同样都是荒谬的。美丽的建筑意味着它是人们可以工作、可以玩耍，或者可以休息的地方，同时也蕴含着一种能够带给人们艺术情感享受的地方。房子不仅仅只是上面盖着屋顶的壳子，它的内部和外部建筑都应该是美丽而丰富的，能够使人们赏心悦目才对。

因此，充分欣赏一座优秀的建筑，不仅要对建筑的结构元素有所认识，还要对建筑的艺术元素有所认识；不仅要对建筑装饰有所欣赏，还要对建筑本身有所欣赏。具备这种双重知识是特别重要的。因为在世界最伟大的建筑中，建筑的这种两面性是最难以分割的，所以很难说纯粹的结构是什么，纯粹的装饰又是什么。

当然，建筑的装饰素材不能像它的结构材料那样，用任何简单的方式被编成法则。它涉及的范围太广了，每一种装饰素材在某段时间里，都可以被用来装饰建筑。用几何学的知识来说，世界上的动物、植物、男人、女人和孩子的形状构造，以及各个国家的神话故事，上到天堂、下到地狱，所有的这些内容都可以作为建筑装饰的素材和形式。那么，按照最合理的分类办法，可以将建筑装饰分为两种：非具象派装饰（抽象派装饰）和具象派装饰。

在这些名称中，没有任何关于建筑装饰历史和起源的显示。非具象派装饰，简单来说仅仅是指装饰。它没有最终的起源之说，也不寻求明显地描绘出世上任何一件事物，或者任何一组事物的一种装饰。具象派装饰,是指以自然或者传统的方式,具体描绘出某种自然或者可辨认物体的一种装饰。关于非具象派装饰,我们将其概括为几何结构的装饰。这些几何结构装饰,从源头上来说是从具象派装饰中发展而来的。但是,后来它自成一派,几乎完全形成了自己的一种传统和想象派的形式。卵箭饰(带有交替的椭圆形及尖形)的这种装饰,虽然最初是从荷花发展起来的,但是现在它已经成为一种众所周知的传统装饰形式。我们将这种装饰归类为非具象派装饰(抽象派装饰)。另一方面,虽然大量的古典式和哥特式建筑,难以辨认描绘的是哪种植物或者动物,但是很明显,它们被描绘成的是一种植物或者动物。比如花状平纹(一簇四射状的忍冬草或棕榈叶图案、辐射式花束状或叶丛状装饰)、叶板(叶形装饰,古希腊科林斯柱头等的装饰)、鹰头狮(古希腊神话中半狮半鹫的怪兽)或者狮身人面像,我们将这种装饰归类为具象派装饰。

其中,一种最重要的非具象派装饰,也是建筑艺术里最重要的一种装饰,就是模具(即造型,装饰线条,凹凸线脚,板条)。"模具"这个词是一个广泛的术语,适用于建筑表面的调节(古典柱型的比例的确定),无论是突出的表面,还是凹陷的表面,甚至是两者都有。例如,如果要想勾勒一个直的或者弯曲的纵剖面图,即模具的剖面,人们沿着一条给定的线绘制。事实上,许多模具都是以这样的方式,被精心制造出来的。一把刀被切割成我们想要的模具的轮廓,再用一个平刨(刨子)或锤子,凿空轮廓里的材料,所剩下的部分就是"模具"。

早在人们认识模具以前,它们就已经被用来装饰建筑了。建筑模具的起源,人们已经无从得知。因此,关于模具的起源出现了许多不同的说法。有人指出,早在古埃及人用芦苇和黏土建造房屋的时期,模具就已经发展起来了。人们把几捆芦苇绑定在一个圆筒上,作为一个框架,铺在一座小屋的顶部和角落,形成了模具。在更北边的国家,比如利西亚(小亚细亚西南部的古国,后为古罗马帝国一省)或者古希腊,似乎有证据表明模具起源于木制品,因为当时树干被用作木屋顶框架的横梁。无论模具的起源是什么,它们已经被人类广泛地使用、不断地发展和完善、不断地改进,并且被人们运用得越来越熟练。因此,许多建筑之间的唯一区别,完全在于模具是否是最美的,其形式和布局是否是最完美无缺的。

　　模具,就像被人类反复使用的各种建筑形式一样,它逐渐被分成各种不同的类别。当然,现有的模具在数量上是无法计算的。虽然其数量庞大,但是某些容易识别的元素也就只有几类。以下是一些简单的例子:

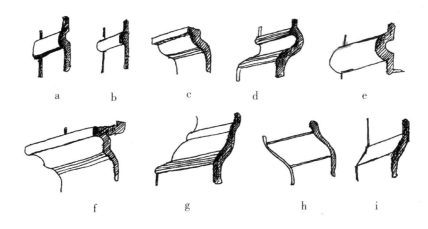

图 5—1　模具

　　a 挑口饰　b 楞条　c 馒形饰　d 凹形圆线　e 座盘饰　f 表反曲线,作为"帽子"　g 表反曲线,作为底座　h 里反曲线,作为"帽子"　i 里反曲线,作为底座

　　挑口饰(柱顶的盘座面,古典建筑柱式柱顶横梁的横带)——从墙的表面突出或凹陷的素石(平带)。

　　楞条(平边条)——相比挑口饰更窄的素石(平带)。

　　馒形饰(凸圆线脚装饰)——四分之一圆(象限圆饰)、凸圆体。

　　凹形圆线(柱基的凹形线边饰)——相同的普通圆柱形的凹形曲线,

通常是椭圆形的。

座盘饰（环状半圆线脚装饰，柱脚圆盘线脚）——半圆柱形模具，凸圆体。

凹弧饰（凹弧形线脚）——四分之一圆（象限圆饰），凹形的。

里反曲线——是一种复杂的曲线，凸部突出于凹部的反曲线，上凸下凹。

表反曲线——上凹下凸的波纹线脚，其凹部突出于凸部的反曲线。

图5-2 乌戈伯爵古墓，位于意大利佛罗伦萨附近的巴迪亚

这座古墓有米诺·达·费埃索的插图，展示了其奢华的精致装饰，尤其是装饰性的模具，这是意大利文艺复兴早期的一个显著特征

令人惊讶的是，一座优秀的建筑，其艺术效果在很大程度上依赖于这些少量的模具，依赖于这些模具之间的正确组合和合理放置。究其原因在于，模具的各种组合和布局所产生的不同造型和角度，会给人们营造出一种光和影的奇妙变化效果。建筑艺术通常是通过建筑中一种光和影的不断变化效果而产生的美的艺术，色彩仅仅是次要的元素。因

此,这些长光带的光、影,以及半强光线,深深地影响着建筑的艺术效果。它在很大程度上决定了一座建筑的具体特性和一座建筑最终是成功还是失败。以埃及卡纳克神庙的入口设计为例。注意这些建筑的檐口那巨大的凹弧形线脚宽阔、深沉的影子,它与下面的环状半圆线脚装饰产生的狭窄的、淡淡的影子遥相呼应。于是,整体建筑的简洁性、宏伟的庄严感就完美地展现在众人面前。接着,让我们再进行一下对比,看看 15 世纪晚期的意大利古墓的建筑。这些建筑精致的手工雕刻,像银器一样精美。并且,它那类似皇冠的挑檐(一组不同的模具)上面有一个精致的、上凹下凸的波纹线脚,即表反曲线,其凹部突出丁凸部的反曲线。每一个模具都被雕刻得闪闪发光。

图 5-3　埃及卡纳克神庙入口

简洁而坚固的挑檐设计是古埃及建筑的独特特征

　　读者应该还会记得,我们有几次都提到了,许多建筑特征都有一种三重特征的特点。在古典的模具中,这种三重特征再次出现。例如,建筑的挑檐。在许多情况下,挑檐是一座建筑中最重要的模具组,其有三个主要部分。第一部分:冠顶饰称为反曲线状,波纹线脚通常是表反曲线;第二部分:在冠顶饰下面,有一个素石(平带)挑檐滴水板,它从墙面明显地突出来,并在它下面投射出一片阴影;第三部分:在这个挑檐滴水板之下有胎板,支撑它与墙、一个模具或者一组模具形成的接合点。无论细节怎么修改,它都是典型的古典挑檐结构。通常这种波纹线脚、冠顶饰,是一种表反曲线。因为这种模具具有最精致的外形,再加上光、影和半强光线投射在其表面上,形成的惟妙惟肖的变化效果是如此的优雅和壮观,所以,这种装饰十分受人们欢迎。另外一个是挑檐滴水板。它的素石(平带)捕捉住了所有的光线,使光线笔直而充分地洒向整个建筑的周围,就像束发带一样,把整个挑檐牢牢地捆绑在一起。在挑檐滴水板产生的一片黑暗阴影下,胎板又折射出半强光线,缓解了浓重的阴影部分,不仅给整个檐口提供了力量感,还起到了相应的衬托和支持作用。由此,整个建筑通过使用这些不同造型和特点的模具,具有了独特的艺术效果和魅力。

图 5—4　典型的古典挑檐结构

用上面的方法,古典建筑师们设计和发明出许多的檐口变形。他们精心地设计胎板,从一重的做到两重的,或者三重的,还新增装了一些齿状装饰。经过改装,檐口的平带、狭窄块料和进深空间这三者形成的结构,带给人们一种愉快喜悦的感受。在罗马时代,飞檐托饰或者具有涡卷装饰的托架被加装在挑檐滴水板下面,而这时科林斯式的(尤指带有叶形饰的钟状柱顶的)挑檐也诞生了。这是挑檐的所有种类中,光和影变换最复杂也是最丰富的一种。罗马人也很早就认识到模具设计中对比度的建筑艺术价值。比如,方形和圆形、凸形和凹形,它们之间相互交替出现产生的不同的建筑艺术价值;在两种弯曲的模具之间,一个狭窄的平带或者楞条(平边条)产生的不同的建筑艺术价值;方形的或者扁平的、凹陷的曲线或者突出的曲线产生的不同的建筑艺术价值。这些多变的组合需要人们掌握其专业知识和技术。就目前来说,我们发明出一种全新的组合几乎是不可能的。我们所能做的就是通过过去遗留下来的素材和资料,不断地进行研究和发展。

在各个历史时期里,比如从 1200 年到 1550 年间,哥特式建筑是当时欧洲各国流行的建筑风格。除了意大利之外,模具的新型用途为模具设计的进一步发展提供了新的推动力。早期的罗马式建筑方法已经开始了这种发展,特别是阶梯拱的发明和使用。阶梯拱是具有同心圆的拱圈组合。一个拱圈套在另一个拱圈内,并且一个跟在另一个后面,形成一系列的阶梯状。把一系列连续突出的同心圆拱圈环绕成一个角,是世界上最简单的事情。一旦全新的建筑装饰形式这扇大门被打开,就会有上千种的复杂变形体和改造体出现。哥特式建筑的模具整体发展与这些拱形形式的发展有着密切的联系,正如古典建筑的模具发展与水平檐口的发展密切相关一样。

哥特式建筑的模具设计师们不认可任何模具法则,他们认为哥特式模具品种繁多。然而,人们很容易就可以辨认出古典的模具。比如通过楞条(平边条)的使用来辨认,或者通过任何扁平形式的使用都可以进行辨认;其次,通过深度切割形成的凹陷部分来辨认。这种方法产生了很暗的阴影线。"狭凹槽",也就是说把一个模具的顶部或者底部突然强行带出或者拉进,加以重点强调。这是一种设计规则,而不是一种例外情况。此外,哥特式建筑的建筑师们喜欢将各种类型的模具组合在一起使

第五章 建筑的装饰素材

用。比如，突出的模具和凹陷的模具结合在一起使用。这种光和影相互作用产生的变换，相比建筑师们设计的古典建筑显现的建筑效果，增添了一种新的广泛度和复杂度。的确，这种装饰的建筑给人的印象更深刻，而且还会营造出复杂的神秘气氛，这正是哥特式教堂具有的特点。这些精心制作的模具造型使建筑表面产生复杂和精妙的变化，是平面建筑结构无法比拟的。

这种楞条（平边条）设计所缺乏的多样性效果，以及由此产生的过于圆润和柔软的效果，有时会走向极端。在英国，伊利和林肯的唱诗班用的就是"哥特式"的这种建筑风格。这两座建筑中，尽管拱形模具产生了光和影相互作用带来的明暗连续的变化，呈现出某种神秘的魅力效果。但在这里仅仅是一系列几乎没有任何意义的曲线。此时懂得欣赏的人的眼睛会有一种需要停留在平面上休息一会儿的感觉。这不是这种模具设计应该带来的效果。雅典的厄瑞克修姆神庙的挑檐和英国哥特式教堂装饰的拱门和基墩之间，也同样有着这种区别。这种区别就像是一种柏拉图和中世纪浪漫的对话之间的区别一样。

在文艺复兴时期，模具不可避免地被人们重新开始使用，并且是伴随着古典形式之外的其他形式一起被使用。但是，这是有区别的。一直以来，建筑师们受哥特式模具自由而微妙的装饰形式所影响，他们已经完全不能满足于罗马式或者希腊式的单一建筑风格。因此，文艺复兴时期，特别是在其早期的建筑作品，和希腊式或罗马式的早期建筑作品之间，存在着巨大的差异。由此，前面提到的古墓建筑竟然出现了一百多种精妙而独特的模具结构，这是因为在当时人们根本不可能找到一个确切的先例作为标准。

哥特式建筑风格使模具设计师们摆脱了精神枷锁。但是，这些建筑仍然保留着文艺复兴时期的风格，建筑师们只能把个性魅力逐渐灌输到模具设计中。但是从那时起，建筑师们就一直保留着这种个性化的建筑风格。所有最成功的建筑师都是非常小心地处理和设计模具。如果人们向一位伟大建筑师的办公室看去，会看到这位建筑师在设计一座建筑的时候是多么专注，他专心地研究每一个模具！他对模具本身，以及与模具相关的周围情景，通过设计图纸和模型，一遍又一遍地进行着反复的揣摩和研究，直到光和影折射出的效果达到完美的程度。如果人们能看到一位伟大的建筑师所做的这一切，他们就会更清楚地认识到，为什么一座好的建筑，比如波士顿公共图书馆，比一座糟糕的建筑更令人愉悦。人们可能会意识到隔壁的公寓大楼很难看，但是并没有意识到那些难看的细节。比如凸面的波纹线脚是三重的。它们太大、太耀眼、太柔弱，被廉价的金属材料所替代，门周围的模具太大，而它们应该很小才对，或者在它们应该大的地方又很小。如果人们真的意识到这一点，当他们为自己建造房屋的时候，他们必定不会由一个收入不高的建筑工人和打样制图人一起来完成他们房屋的建造，他们必定会请优秀的建筑师来设计他们的房子，而且要设计得很好。

有一些模具，不依赖于它们自身单独的外形而产生效果。因为它们自身的表面被错综复杂的雕饰所分割。从人类最早的时代开始，人类的装饰本能和天性就不会完全满足于建筑模具的简单曲面。纵观古埃及建筑艺术的整个漫长过程，一种重要的模具——伟大的"凹弧饰"挑檐结构，被描绘成鲜艳的颜色。它打破了那种长长的、简单的、单调的阴影效果。人们在古希腊甚至是原始人类时代，似乎就已经开始绘制他们的模具。随着建筑技艺的提高，人们终于能够按照图样雕刻出模具，这些图样类似于他们以前画过的图案。对于古希腊人来说，我们欠他们一个关于卵箭饰（卵锚饰）的交代。卵箭饰被使用在古建筑圆形线脚上，是一种卵形与尖形的装饰图形，这是最常见的一种装饰模具。还有一些模具也被人们成功地使用起来。比如幌菊饰（水迹叶装饰），以及齿状装饰——小长方体（矩形块）。这些小矩形块被紧密地放在一起，这样它们表面闪

烁的光和深暗的裂缝阴影之间就会相互交错变化,挑檐由此也就变得活
灵活现,从而产生奇妙的建筑效果。为了装饰他们的模具,古希腊人发
挥他们敏锐的洞察力,不断提高他们的建筑艺术品味。而且,他们还借
鉴"手雕"工艺品中的美,就像他们用这些金属工具所做的雕刻工作一
样。不久,他们就发现了最精致的装饰模具的主要法则。他们发现最美
丽的装饰模具都有恰到好处的装饰表达形式,并且会重点强调出模具的
轮廓外形。

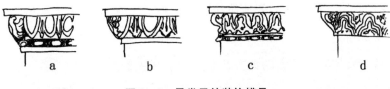

图 5-5　最常见的装饰模具

　　a 希腊卵箭饰　 b 罗马卵箭饰　 c 希腊幌菊饰(水迹叶装饰)　 d 罗马幌菊饰(水
迹叶装饰)

　　卵箭饰是最普遍流行的模具之一。因为它完全阐明了这种装饰模
具的主要法则。这种装饰是一种用来装饰馒形饰(凸圆线脚装饰)的形
式,是一种凸面四分圆线脚,凸形象限圆饰。粗略地看一眼,它的每一条
着重线都在强调这条凸曲线。卵形的侧面是这种凸曲线的形状,被一个
框架突出地强调。卵形本身有一种令人愉悦的圆润感,这种圆润感加强
了建筑模具的圆润感,卵形之间笔直的箭形仅仅是为了突出两边的圆润
感。模具的形状与它装饰的形状之间,这种绝对地呼应和一致,再加上
突出部分和非突出部分、宽和窄、光和影之间细腻、优美的节奏感,使这
种卵箭饰模具得到了人们的赞赏。

　　幌菊饰(水迹叶装饰)是类似这种相互呼应和对称的另一个例子。
幌菊饰模具属于里反曲线,一种凸部突出于凹部的反曲线。它的每一条

线都是双重曲率的直线,这让我们回想起纵剖面的双曲线。因此,它和卵箭饰模具差不多。幌菊饰模具已经成为最受欢迎的一种装饰模具。在意大利文艺复兴的初期,正是这两种模具的产生,才使 15 世纪的雕刻家和建筑师们最先快速地抓住这个表现自己的机会。很快,陵墓和祭坛、门和檐口都用这种模具来装饰。

这种装饰风格的一致性原则并不局限于古希腊、罗马和文艺复兴时期的建筑。它具有普遍而通用的原则。因为装饰一个具有独特而突出表面的物体,就像一个模具,它的装饰形式如果被忽略,而且还与这个表面的形状相矛盾,那么这显然是不合逻辑的。在哥特式建筑中,这一原则被哥特式艺术家对自然主义的热爱所掩盖。但是,在最优秀的哥特式建筑作品中,人们会发现模具的形状往往是经过人们深思熟虑,并在装饰设计中被巧妙地表现出来。在德国或者西班牙华丽的哥特式建筑风格中,模具的这种纯粹形式已被人们所遗忘。自然主义和写实主义的理念肆意地蔓延开来,使模具的形式成为分支和旁系。这里的建筑,在精心雕刻的艳丽和奢华之下,隐藏着一种不自然的、笨拙粗俗的装饰形式。这些现象都是建筑艺术走向颓废和衰落的一种标志。

对模具本身的研究其实是有趣而且充满魅力的。无数精巧的模具形式,以及表面折射出的不断变化的、微妙的光,都会给人们带来一种源源不断的快乐和兴趣。而且,我们没有必要到很远的地方开始这项研究,在自己的房子里就能发现很多的模具,例如门饰板、画框、桌面、书柜以及檐板,等等。从这些物件开始,以你的拇指为中心扫视它们,跟随它们的曲线,在不同的光线下观察它们。你很快就会注意到一些细微的差别,有些让你感到愉快;有些让你感到寒冷;有些是粗糙而低劣的;有些是精致而高雅的。这就是真正的建筑艺术鉴赏。

然而,人们在研究模具的时候,还要考虑它们周边的位置情况,这样才能够掌握它们的重要性和意义。一个模具放在这个地方可能很合适,但是放在另一个地方有可能就是不合适的;放在这个位置上显得粗糙,但是,放在另一个位置有可能就显得很精致。因此,简要总结模具的主要用途,并且展示它们在设计中所起到的作用是有必要的,而且是值得的。

也许,所有模具最重要的用途,都是使用其中一种模具或者一组模具作为建筑的一个挑檐结构。我们已经谈到过挑檐的重要性。如果仍有疑问,可以到任何建筑物中去看看,很快就会得出答案。如果附近有一所房子,它正处在美国建筑史上一段糟糕的时期,被称为"镂花锯"的时期,那么注意它突出的挑檐方式。大量形式各异的小模具,像货架上的货品一样都被挂出来;下面卷须状的、毫不相干的托架,更加突出了其结构的脆弱和不成比例的缺点。然后,我们发现某些花哨、艳俗的商业大楼,或者公寓房舍,它们被大量地建在一个狭窄的城市里。这些建筑都有一个巨大的、装饰众多的挑檐结构。这些挑檐结构从金属板中被模压出来,并且末端被锯得很尖锐。整个挑檐结构看起来低劣、笨拙、粗俗,像很随意地粘到建筑上一样,这就是个累赘物。这些都是失败的挑檐结构毁掉一座建筑的例子,都是缺乏艺术想象力和伪艺术的例证。这些实在太常见了。相比之下,研究佛罗伦萨的里卡尔迪宫就要好很多。但是,人们还是很幸运的。在美国任何一个城市里都有像这样的好例子,而且这样的建筑的数量也在逐渐增加。挑檐看起来似乎是建筑中不可分割的一部分。这一点是必要的,也是必然的结果。挑檐可以作为支撑屋顶和排水功能的结构,也可以作为一种艺术,还可以作为一堵墙的适当的末端,使墙体具有完整性。此外,挑檐的比例也需要很好地被调整,它的模具也要精心地研究和设计。这样,模具折射出的光和影相互作用产生的效果,才是最有趣、最多样的,而且还不会给人们带来一种过于复杂和不安的感觉。那么,这样的挑檐设计就是成功的。

图 5—6　佛罗伦萨的里卡尔迪宫

这座建筑的门面以简洁和庄严的顶冠檐口而著称

　　另外,在对挑檐的批评中,很难有比这更明确的了。不过,挑檐在顶部应该是一种更轻盈、更精致的模具。比如凹弧饰模具和表反曲线的模具。而馒形饰和里反曲线的模具,应该更加坚固、更加简单,并且至少要有一个明显而强有力的完整平面贯穿其中,才能将整体结构绑定在一起,强调出重点部分。这些规则看起来是非常合理而正确的。但是,也要记住,挑檐有两个独立的功能:一个是艺术上的功能,作为墙的顶部;一个是结构上的功能,作为屋顶的装饰,即屋檐。在批评任何一种挑檐结构时,人们对这两个功能都必须牢记在心。因为,一座建筑如果有一个明显的屋顶,那么屋顶与墙壁的关系在某种程度上就决定了挑檐的结构。卢瓦尔河谷(法国中部)的城堡,几乎都是始建于弗朗西斯时代。这里,挑檐的艺术美感都是在这一关系的基础之上产生的。挑檐保持非常平坦,是因为上面的屋顶是非常陡峭的结构。只有这种精心装饰的几近平坦的表面,才能形成整体有趣的效果。大胆突出的模具形成的深沉、浓重的阴影,会让建筑看起来像被分裂成两个结构,这不仅没有起到强调、突出的效果,还破坏了墙壁和屋顶之间的协调关系。

图 5—7 法国布洛瓦的弗朗西斯时代城堡侧翼的挑檐

对于一座建筑物的基底部、墙壁的内外部,或者缓解墙壁和地面之间、墙壁与地板之间夹角的粗糙度来说,模具也是非常重要的。如果一座建筑有坚固的基底,那么它看起来就会更加强壮而结实。这种特征会要求它的模具结构具有很强的效果,而不是看起来脆弱又摇摆不定的。一个脆弱的建筑基底比没有建筑基底更糟糕。通常,砖砌的建筑基底只包括一个或者两个小的突出部分，没有线脚装饰。有时会在边缘上加盖一排砖，进一步加强效果。这是一个令人十分满意的解决方案，因为它可以与装饰材料完全协调起来。但是，在石头的建筑中，装饰的处理办法要灵活得多。唯一的要求就是基底要具有明显的强度以及足够的规模。另一种常见的用于建筑基底的模具是倒置的表反曲线。这种模具结构放在建筑的基底位置，既结实又牢固。而如果使用里反曲线模具作为建筑基底，会太过于生硬和唐突，缺少一种内在的水平状态。但是表反曲线结构则能把这种水平状态表现得很完美。在木结构的建筑中，其结构的问题是不相同的。因为砖石的基础墙通常从墙面板，或者护墙板的表面向里收回，而不是向外突出，在这种情况下，墙面仅仅是在底部有少量的曲线伸出，下面就是一个简单的模具。这种简单的建筑基座，或者泻水台（承雨线脚），对于建筑的上半部来说，总是让人感到太过空旷。

此外，模具被用作建筑框架是最常见的用法。比如门饰板、窗饰、镶板等，这些都是会用到模具的地方。模具用作建筑框架的一条通用的规则就是，它必须比挑檐模具或者基座模具更加精致和平整。因为太大的模具会产生一个深沉而浓重的阴影，这个大阴影会非常明显地把整体结构裂开一个口子，或者把面板一分为二，完全断裂开来，会破坏其结构的整体性。这也是维多利亚时代建筑的主要缺点之一。在英国，所有的装饰模具都极其笨重。建筑中到处充满了大胆的曲线和深深的切割，一个落在另一个上面堆积在一起，直到框架变得根本不像是装饰。同样令人不满意的是，在后来的一段时间里，这种装饰模具还一直被人们经常使用。人们使用一些缺乏艺术性的半圆形造型时，把它们放在中间被划开的直板上，并在开口的角落里用方形块连接，这些方块上雕刻着一些毫无意义的圆圈。完美的装饰模具通常有三种：要么是平的模具；要么是外面有一个主要的精饰部分，平面的直径渐减形成锥形的模具；再者是使用雕刻或者线脚装饰，从外到里形成一个简单而精致的装饰模具。如

果没有任何建筑模具作为建筑框架,不管建筑的设计方案或实施情况如
何,这座建筑一定会是这样的情况:要么空间架构太大,失去了平衡;要
么突出部分太重,成为一种累赘。模具也就失去了它所放置在表面上的
装饰功能。

　　镶板(嵌板)模具是另一种情况。镶板模具通常是建筑设计中不可
或缺的一部分。它的尺寸和其投影部分在一定程度上是已经确定好的。
此外,它的尺寸通常是如此之小,根本没有再进行改造的必要,所以,任
何复杂的形式都是不可能产生的。然而,模具改造适用的通用规则控制
着镶板模具的设计范围,而这种规则,再加上建筑外观和阴影效果的总
体美感,就形成了镶板模具设计好与不好的唯一标准。

　　在砖砌墙的开口处或者壁龛里,通常会有装饰模具,类似于一种镶
边修饰。这些装饰部分被称为线脚、门框线。世界上许多美丽的门廊,
在很大程度上都要归功于门框线的精美设计。如果在室内门框中,平面
度和表观统一性是必要的,那么这种雕花门饰在具有纪念意义性的建筑
中使用的就多了。因为在雄伟而庄严的大石头上,不适合出现木头或者
灰泥的结构。

　　有些人可能会反对这种框架设计的规则,并且洋洋得意地指出有宏
伟华丽的哥特式大门的建筑十分美观！比如巴黎圣母院的门廊,它就成
功地使用了一系列装饰繁多的模具作为门框的框架。这种反对的声音
比实际情况更强烈。因为在优秀的哥特式建筑中,模具突出的投影部分
从来没有超出墙的前面,它们自身被墙壁的厚度所阻断,其深度自然显
露出来,给里面的门赋予一种神秘感和魅力。事实上,这些种类繁多的
模具,只是建筑中一种偶然附带的框架。它们最重要的用途就是,对巨
大的墙面及其上面的山墙起到支撑作用。在哥特式教堂中殿的拱门上,
错综复杂的模具也起到同样的作用。与其说它们是一种建筑框架,不如
说是对拱门(弓形结构)概念本身的一种表达。人们可以注意到,在这样

的建筑中光和影折射出的效果十分强烈，有一种刚健有力的男子气概。而其中的拱形线在这种光和影中反复隐现，神秘又光彩夺目。

模具的最后一个主要用途是作为一种"束带层"，即建筑腰线——贯穿一座建筑的基底部和挑檐之间的横条带。束带层（建筑腰线）可以用来表示楼层，也可以仅仅作为一种装饰，将建筑切割成令人愉悦的垂直关系。通常在第一层或者第二层的上方会出现这种束带层，这样可以和下面的建筑基底部区分开。它也可以出现在建筑物顶部的附近，与挑檐结构结合在一起形成冠层，而中间的竖井还可以不被破坏。束带层（建筑腰线）本身并不重要，只有通过它们被放置的位置才能显现出它们的重要性。在小型的建筑物里，不要使用它们，而在大型建筑物中也必须有节制地使用它们。束带层（建筑腰线）本身的设计基本没有什么要求。唯一的标准，就是它们要呈现何种效果。一百种不同的建筑，可能需要一百种不同的外形。它们的外形绝不可以与挑檐结构相冲突，也不可以让建筑物看起来像被分割成非常明显的几个部分，而且，建筑师还要考虑到它们与建筑的其余部分的比例和风格是否协调。

在本章中，没有给出一个关于模具的完整的使用清单，也不会在这里对它们进行详尽的论述。因为这种探讨超出了本书的范围，因此有关模具的内容需要另外来单独讲述。前面的讨论，仅仅是作为一种参考和概述，提炼出模具设计的某些显著特征。这样，读者就可以自己开始学习和研究模具了，也为读者能够更清晰、更真实地鉴赏建筑艺术奠定了基础。

除此之外，还有其他一些抽象派（非写实的）装饰，但在这里没有太大的必要提到它们。它们是一种整体几何图形的装饰形式，比如方形、椭圆形、棋盘式、回纹饰（万字浮雕）等，使用这些几何图形作为建筑的扁带饰，或者装饰在上方建筑中更宽阔的地方。这种装饰值得提及的一点是：这种装饰具有很强的真实感和艺术感，而且在逐渐地被人们所使用。

它是由各种不同的建筑材料组合而成的一种装饰,比如砖和瓦的组合结构、不同颜色的砖结构,或者砖和石头的组合结构。这是一种古老的装饰方法,但是它已经过时了。我们在英国都铎王朝的建筑里发现了这种装饰。这些建筑的某些地方,通过光和影的折射作用产生了一种菱形的图案。这种图案通常带有一种不规则的美感。这些图案在山墙的末端俏皮而灵动地闪耀着,然后逐渐消失。而且,有时它的图案会因为砖块的宽度发生变化,很难让图案变得笔直而规则。位于伦敦附近的汉普顿宫的前方建筑,就是一个处理这种装饰成功的例子。在现代建筑中,美国罗德岛州纽波特建造的邓肯宫是这种装饰的建筑。近几年来,人们对过去建筑的研究越来越多,也越来越仔细,隐藏着的这类事情出现的可能性越来越大。越来越多的建筑,随着建筑形式越来越自由化,建筑技巧越来越高超,人们开始尝试使用这种精巧的图案取代那些廉价而丑陋的砖瓦,或者用土陶装饰的、金属质感的挑檐设计来建造房屋,并且开始以更健康、更健全、更真实的方式来满足人们的审美需求。

然而,在各种各样的装饰中,具象派(写实的)装饰对人们的吸引力最强。这种装饰在建筑艺术鉴赏上,深深触动了人们的心灵。自从人类的祖先在他们洞穴的墙壁上画出水牛和猛犸象,或者把这些形象刻在动物的骨头上开始,人类就喜欢上了图画。几乎每一个孩子都能画出最吸引他的事物的图案:火车头、船、马、房子和人。尽管人们的这种能力逐渐被后期的训练和琐碎的日常生活淡化了。但是,我们大多数人的这种画图的本能仍然存在。这种绘画的本能被应用到建筑上,就诞生了具象派装饰。这种精美的雕花饰比古希腊回纹饰更容易使人们有温馨的感觉。

从人类最早的时代起,这种绘画本能就与宗教紧密地联系在一起。原始的野蛮人常常赋予他们的图画一种神奇的生命意义和一种深刻的象征意义,这种痕迹到现在依然存在。这就是为什么罗斯金(英国艺术批评家)非常重视具象派装饰的原因。罗斯金以宗教的角度来虔诚地看待它。对他来说,这种装饰物比建筑装饰本身更重要。这是一种崇高的仪式,是一种类似圣礼的仪式。这种装饰对他的吸引力和美学对他的吸引力一样重要。由此罗斯金形成了对建筑古怪的有色观点,以及古怪、扭曲的装饰理论。所有人都称赞他评论的本质是严肃而虔诚的!在美国的建筑设计中,如果能赋予建筑更多的这种精神,那建筑将会变得更优秀、更自由、更美丽。然而,在欣赏罗斯金这种评论的同时,我们绝不能对其错误的、片面的观点视而不见。我们不需要在每一个细节上都采用他的观点,但我们可以放心的是:一件垂挂的大窗帘随风摆动的曲线就像缠绕在藤蔓上的曲线一样婀娜多姿!装饰的美主要在于线条、平衡光与影的搭配,而不是装饰主题本身。

但是,否认这一主题与装饰效果存在密切关系,就会与罗斯金一起走向另一个极端,这是不合逻辑的。老实说,现代的建筑师,在目前的专业体制下,他们太过于关注结构的细节,以及主要的构图问题。这样就导致他们不能从自然本性中去研究每一种装饰物,他们很自然地就把过去的光彩变成了美丽,而他们的主题与现代生活的相关性也就消失了。由此可以看出,这不是永恒不变的条件,这是人们的审美不断提升而出现的必然结果,也是人们需要在短时间内完成的大量工作。我们已经出现一种更健全、更合理的观点迹象。我们的建筑师们也开始更多地将古典的装饰作为一种基础,而不是作为一套被盲目追随的形式。在我们最优秀的建筑作品里,也开始越来越多地使用天然植物作为装饰,一丛丛的橡树叶,或者类似的植物开始出现。最近有一家纽约公司,他们的建筑师与建模师为位于波士顿附近的玛丽贝克·G·艾迪纪念馆,设计出一套形式上偏古典式的建筑,是以牵牛花和野玫瑰作为装饰点缀的。这种设计是非常完美的,这些雕带(墙与天花板之间装饰用板带)和镶板都有着精美和优雅的装饰,是罗马时期或者文艺复兴时期最好的作品。除此之外,它们还充满了真实创造的新鲜感,以及纯粹的古典式装饰没有的感染力。我们希望这只是美国建筑运动的开端,并且应该努力地重新认识本土形式所提供的建筑鉴赏新的机会,使过去的处理技能朝一个新的自由创新道路发展。然而,历史上著名的建筑装饰,对于我们理解当今的建筑艺术作品具有非常重要的意义,而且对于我们鉴赏建筑艺术的魅力也是十分有必要的。不仅是因为它与当今的建筑艺术作品具有重要的联系,也是因为它在自己的时代里,具有其内在的重要的纪念意义。古埃及、古巴比伦和中东地区式建筑装饰也不必多说了,它们同样是当地的一种饶有生活情趣的、美丽的装饰。它们的象征意义非常明显且十分重要。人们在不了解某些神话学知识基础的情况下,是不可能理解这些装饰的意义的,而且这也超出了本书要讨论的范围。古埃及的建筑装饰从两个方面来说是很有趣的:一种是使用圣莲花的传统建筑装饰,另一种是使用色彩作为建筑的装饰。

对于古埃及人,甚至所有的原始民族来说,如果形成了某些建筑习俗和观念,那么建筑会演化出多种多样且不固定的形式,并且容易受各种不同变化的影响。于是,莲花装饰可以变换一千种形式。比如变成了圆柱柱顶、各种各样的家具的装饰品、某些场所的装饰,形成了莲花丛,或者莲花带,又或者满是莲花的图案。因此,人类的形象从更早期的、精美的自然主义开始逐渐定型。人类形象的大小不是由真实的实体,或者正确观点的需求所决定的,而是由理想中所代表的人类形象的重要性决定的。比如,一个国王的形象占据了整个庙宇的前方,而他的奴隶的形象却仅仅是两颗石头的高度。但是,这些形象总是被分在一排排密密麻麻的行列中,大的和小的组合在一起,还有带有象形文字的碑文,这些形成了一个整体,其结构美丽而又相互协调呼应。虽然古埃及人的建筑作品都带有强烈的象征意义,但是那些被损毁的宏伟建筑,仍然有力地证明了他们建筑的象征主义是和他们的美学创造力紧密联系在一起的。

古埃及人的这种装饰能力、这种与生俱来的美感感知力，同样体现在建筑的色彩装饰上。人们一直生活在寂静而阴沉沉的北方，从来没有意识到，在阳光普照的南方，建筑色彩是绝对必要的。对于热带地区强烈的阳光，我们需要石头或者灰泥的色彩，这种色彩能够缓和这种刺眼炫目的感觉。古埃及人使用的色彩多是蓝色和绿色（青绿色）、褐色和红色，很少使用黄色和白色。古埃及人使用的色彩和他们使用的装饰形式一样，都成了一种传统习俗。无论是在户外，还是在室内，色彩往往使用在平坦的表面上。这样，装饰表面的完整性就不会丢失，这是我们总结出的经验教训。如果我们想要创造出一种伟大、宁静、坚毅以及永不磨灭的力量感的装饰效果，只有一种方法可以做到，就是使我们的装饰物保持形象化，而且具有生动性。不然就使它们成为装饰性艺术饰品，使其始终与它所应用的表面形成相互不可分割的部分。

但是，尽管古埃及人的装饰技巧已经非常成熟，但他们的构图和设计理念却还仅仅处在最基本的阶段。只有从古希腊人的建筑装饰中，人们才真正理解和掌握了绘画线条的价值所在。的确，古希腊人的建筑装饰形式主要是建立在古埃及人的基础之上。但是，古埃及人的这种装饰仅仅是一个偶然事件，而古希腊人把这种装饰系统化，形成了建筑装饰的基础。这就是S曲线，英国艺术家贺加斯（英国画家和版画家）将其称为"曲线美"。这种S曲线，不断变化的曲率特别迷人。所以，这种形式一旦被发现并应用起来，就永远不会被人们所遗忘。古希腊人开始大量运用这种装饰。随之，这种渐变曲率的艺术价值也就广为人知了。古希腊的花瓶、模具，或者装饰品，所呈现的各种圆曲线中，每条曲线都有一种微妙的迷人之处。其从一条直线开始，沿着它的长度变得越来越弯曲，最后以曲线结束。这种对曲线的奇妙掌握，有一种微妙的感觉，以及完美的制作技巧。直到今天，这种形式都是无与伦比、举世无双的。

对古希腊人来说，我们应该把这些已经成为鼻祖的几种装饰形式归功于巨大的传统习俗。比如传统的叶形装饰、花状饰纹（古希腊、罗马建筑的棕叶饰），以及这些形式的组合装饰，其还配有枝状涡卷形饰。特别是叶形装饰，起初是尖而平坦，后来是圆形和深切割，有锯齿状的边缘以及强有力的模型表面，形成了一种几乎适合任何装饰用途的装饰形式，就像它那悠久的历史所证明的那样。

然而，古希腊人最有名的是他们使用人类画像作为装饰的技巧。大家都知道希腊帕特农神庙有花状饰纹（棕叶饰）的壁缘装饰，古希腊人在这个领域所拥有的高超技术是无人能及的。他们没有古埃及人所喜欢的扁平饰带，他们更喜欢追求真理和热爱美丽的人。这些人类画像必须是真实的，雕刻师们必须要做到真实与美丽完美地结合在一起。当前，使用自然主义（写实主义）的形象作为装饰的方式，相比使用扁平的和传统的装饰方式要困难得多。但对古希腊人来说，这种困难并不太大，因为他们总是朝着一个理想目标前进。在人类早期时代，几乎所有的东方民族的思想都是保守的，受宗教主义统治，迷信思想严重，他们的建筑装饰形式很自然地发展成为标准化的宗教类型，而他们也只会对这种建筑装饰感到满意。在埃及，一千多年来，埃及人的建筑艺术所产生的变化，相比在古希腊或者罗马一百多年来产生的变化要少得多。因为从一开始，宗教思想就在古埃及占据了统治地位。然而，这种宗教思想在古希腊从未渗透到当地人的头脑中。由于他们的哲学思想具备一种想去尝试了解自然真理的理念，所以这种尝试在不断增加和扩大。古希腊人希望寻求更理想的建筑艺术境界，也在搜索和寻觅中从未停歇过。因此，他们的建筑艺术在不断地发展。而且，随着建筑艺术的发展，他们的建筑艺术理想也在不断地发展变化，二者相互影响、相互促进。他们不断地追求新的美，从不满足。即使是在建筑艺术颓废、衰落的时期，古希腊人也仍然不断尝试寻求新的建筑形式，这就是古希腊建筑艺术伟大而辉煌的秘诀。

罗马人也紧随古希腊人,成为世界建筑艺术的先驱者之一。尽管他们的建筑艺术,相比古希腊人要更朴素、平凡一些,但是罗马人也具有同样热切的理想。他们认识到古希腊建筑艺术的美。但是,如果有人说罗马人已经满足于这些,那么就让他去研究罗马时代遗留下来的大量雕带装饰的碎片。事实上,罗马人的建筑艺术是更加卓越、无与伦比的。虽然,他们也使用叶形装饰,或者枝状涡卷形饰(两者都是古希腊的装饰形式),但罗马人在这里添加了一种强有力的模具形式,这些模具营造出绚丽的光影效果,蕴藏着一种自然主义风格。这是一种新的建筑艺术元素。的确,罗马人从来没有雕刻过帕特农神庙的雕带装饰,或者菲狄亚斯风格的装饰。但是,在罗马人喜爱的建筑上使用人物雕塑是不可能的。18 米多高的人物雕塑是美妙的,但 91 米多高的雕塑则是非常单调、乏味的。罗马人的这种理论,甚至连古希腊人也不反对。在中世纪和现代的建筑装饰方面,罗马人的影响要比古希腊人大得多。尤其罗马人是以自然的方式,广泛使用天然树叶作为建筑装饰的第一人,也是认识到各种浮雕雕花装饰价值的第一人。所有的罗马浮雕装饰都被装饰在高大而醒目的地方,在其他场合里几乎是消退于隐蔽的地方。罗马浮雕虽然没有古希腊浮雕那么精密,但是其产生的光和影的奇幻效果,却拥有一种灵动的生命力,这是古希腊浮雕无法达到的。

我们的现代建筑装饰正是缺乏这两点。我们从古希腊人那里学到了线条感,从罗马人那里学到了辉煌感和多样性。但是,我们忽略掉了罗马人对自然形态的使用。我们的建筑装饰太过于平淡,或者只是些毫无生趣的浮雕装饰。它们好像是模压而出的金属块,又好像是割锯而出的成型木材一样,而不是用黏土真正的塑形,或者从坚硬的石头中雕刻而成的。

图 5—8　英格兰索斯韦尔大教堂的柱顶装饰

　　这个哥特式的装饰已经赋予了很精细的装饰处理。因此,它不需要
用更多类似的东西来加以强调,只要说一点就够了。在哥特式的装饰
中,我们领会到整个哥特式的精神理念。这是一种相当可爱的多花饰装
饰。它那精湛的工艺、引人注目的个人主义特征,甚至是令人敬畏的神
秘主义色彩,都给人们带来了无限欢欣与鼓舞。但有时,它会因为缺
乏古典式的线条感而遭受非议。这点缺憾在英国哥特式建筑中尤为突
出。比如上图中的柱顶装饰,其有某种球形的轮廓,柱顶最应该表达的
是支撑功能,而这种花环装饰的效果与这种功能是互相矛盾的。然而,
尽管我们可以从这些细节中挑出许多缺点,但这种柱顶装饰确实非常生
动、有趣,令人十分着迷,因此,这样的建筑艺术处理又可以当作没有任
何瑕疵和弊端。

　　法国哥特式的装饰通常具有美丽的结构,正如英国的装饰具有美丽的自然主义(写实主义)风格一样。这一点尤其适用于人物雕塑。这种人物雕塑也许是世界上仅次于古希腊最成功的建筑雕塑。法国的哥特式装饰形象,坚固而笔直,结构性很强,而且雕塑本身就极具美感。它们头部的模具和身上宽松而优美的褶皱衣袍,被雕刻得非常精巧和细腻,看起来栩栩如生。尽管这些人物形象使用的是传统化的装饰方法,但是也没有使它们成为糟糕的雕塑。就像所有最完美的装饰一样,它们不仅被放在了适当的位置上,而且还很优雅。

　　文艺复兴时期建筑装饰艺术的发展过程,是古典式思想、古典式线条和浮雕装饰的情感向一种新趋势思想和情感逐步斗争的过程,但是哥特式建筑风格的影响从未完全消失。文艺复兴时期的建筑装饰,尤其是法国和英国,从来就不像古希腊和罗马时期的装饰风格。因为中世纪的建筑风格给人们的思想留下了深刻的影响。18世纪的英国建筑师们所钟爱的那种非常逼真的水果和鲜花装饰,在之前并没有雏形和标准。同一时期,法国非常流行的"带状"装饰、带雕刻的护盾装饰,以及弯曲的涡卷饰(卷轴饰),同样也没有古典式的雏形。只有在法兰克人(日耳曼人的一支)艺术颓废的时期、罗马艺术萧条时期、18世纪和19世纪早期希腊复古式的时期,以及意大利18世纪正宗古典主义风格时期,人们才开始沉溺于这种僵硬、死板的复制。文艺复兴时期建筑艺术的整体发展,也受到那个时代的个人主义、新人文主义的影响。尤其在意大利,每位建筑艺术家都有着不同的建筑风格。由此可观,艺术的历史就是历代艺术天才的历史。从布鲁内莱斯基(意大利建筑师)监督完成的帕奇教堂(佛罗伦萨的一座宗教建筑,被认为是文艺复兴时期建筑的杰作之一)、狄赛德里奥和米诺·达·费埃索建造出的可爱的坟墓和祭坛,到米开朗基罗(意大利文艺复兴时期成就卓著的科学家、艺术家),由于人们极大地曲解了前期建筑艺术的影响,才开启了褒贬不一的巴洛克式的建筑风格。直到意大利所有的建筑,从毛粉饰的、宏伟壮观的装饰中惊醒过来,从此才打破这种已经腐朽的建筑艺术衰变。

图 5—9　法国沙特尔大教堂

哥特式的建筑雕塑是最好的,这些人物形象充满了结构感

图 5—10　法国哥特式的柱顶装饰

与前图相比有强烈的垂直的结构感

　　文艺复兴时期之后的建筑装饰对建筑艺术产生了影响。在这里，我们可能有必要提一下。首先，是法国"时期"。这个时期以在位的国王的名字命名而闻名，比如路易十四时代（其特点是日趋古典化）、路易十五时代（为洛可可式风格）、路易十六时代（讲究对称性和古典装饰）和法兰西第一帝国时代。同时，它还以其他国家装饰的相应发展趋势而闻名。在这些时代的建筑作品当中，建筑艺术家们看起来似乎是第一次有意识地以一种抽象的方式寻求他们的目标，而且与过去的任何形式都毫不相干。他们第一次显得很有自我意识，虽然缺乏天真、朴实的魅力，但是他们在抽象技能上却有相应的增长。

　　这些时期也有着相应的建筑制度和建筑体系。此时，出现了两种截然不同的建筑艺术理念：低调、克制的理念和"古典"的理念，即自由不受约束，通常是随意、多变的"浪漫"。这两种理念不断地相互斗争。在路易十四时代和路易十五时代的建筑风格中，这些建筑的外观虽然非常古典，但是在室内设计中，它是以更轻盈、更自由的风格为主线。一望过去，优雅的曲线便映入眼帘，金色、白色和光色互相交织在一起，其建筑效果极具吸引力。但是，人们认为这样的建筑效果是不协调的，将其误解成现代讽刺漫画。我们可以看到一种真正优秀的室内布局风格：色调完美和谐的家具装饰，人们穿着时尚的喜庆礼服，我们从中得到更多的力量感、优雅感、抽象线条的奇妙感，以及完美的曲线感。后来，人们不可避免地受到了路易十六时代和亚当时代（18世纪英国亚当兄弟的设计艺术风格）建筑风格的影响。再后来，到了法国第一帝国时代，这种风格的影响越来越大，人们几乎失去了装饰灵感。最终导致建筑艺术长期陷入单调、乏味的时代。从这个时代开始，建筑艺术再也没有出现真正的复兴。

　　对我们来说，更重要的是所谓的"新艺术"（新艺术派，流行于19世纪末的欧美装饰艺术风格)、"直线派"艺术(起源于奥地利的直线式),或者其他的艺术称谓。这是建筑艺术家的自我意识发展到一种病态的程度,他们过分寻求自己的目标、理论和意识,而在过去,这些是他们最不屑一顾的东西。他们只过分追求自己国家的民族主义,或者自己国家的优越文化,认为这些足以满足建筑艺术的所有要求。尽管他们假装欣赏过去的建筑艺术,但是他们的虚荣心,或者说是他们的民族主义情感,还是迫使他们忽视了这个现代的机会。他们必须忘掉过去的建筑艺术理念,为自己打造一种全新的建筑艺术理念。而独创性恰恰是他们所需要的。

然而,我们也要赞扬那些为这种新方式不断探索的思想艺术家们,赞扬他们所坚持的真诚和真实的理想。极端主义者所带来的各种建筑改革是有必要的,在恐怖统治时代,这种建筑改革对法国建筑艺术未来的健康发展也是有必要的。所以,我们必须看到"新艺术",这不仅仅是一种拯救世界的新建筑艺术风格,而且也是对人们照葫芦画瓢、一味模仿过去的一种抗议。这种抗议运动会对人类天生的保守主义和守旧性施加影响,从而引发一场伟大的建筑艺术复兴。正如雅典、罗马,或者佛罗伦萨对过去建筑艺术所做的伟大斗争一样,这种斗争使当代建筑艺术拥有强烈的、鲜活的生命力。我们应该将过去的建筑艺术作为我们现代建筑艺术的基石,带着斗争精神为人类的建筑艺术开创更美好和更辉煌的未来。

第六章
建筑装饰的批评

　　我们已经讨论了很多的建筑装饰部分的内容，它作为建筑艺术的一个重要组成部分，值得我们投入更多的时间来探讨。而且，在这个过程中，无论是什么风格，或者什么主题的建筑，我们都应该努力鉴赏出什么是好的装饰、什么是坏的装饰。要评价建筑装饰的好与坏，可以从两个方面来进行：一是对建筑装饰部分本身进行评价；二是对装饰的有关建筑物进行评价。

　　建筑装饰部分本身应该是美丽的，这是很明显的事实。装饰部分，是一座建筑中最吸引人们眼球的部分，也是最有趣的部分，我们的注意力最终会落在它身上。在某种程度上，装饰部分是一座整体建筑的高潮部分。从远处看，整个建筑被视为一个整体，甚至是一座建筑的剪影。当走近再看，有趣的细节开始展现在人们面前，比如门、窗、柱等。但是，当人们离一座大型建筑物非常近的时候，这样的细节之处可能会被忽略。因为人们的眼睛会停留在一个基底模具的突起曲线上，或者窗户上美丽的浅浮雕上，又或者不同的砖的柔和纹理上。有趣的是，建筑越大越会出现这种情况。一座建筑整体的、明显的效果，会因人们与其距离较近而消失。因此,在这样的情况下,人们的眼睛会更多地寻找所能看到的那些有趣的装饰品。这就解释了为什么小房子即使没有各种装饰物也能够很漂亮;然而,如果一座大型建筑也像建造小房子一样,没有任何浮雕等的装饰部分,它将会变得极度枯燥又毫无生趣。

因此,从美化效果上来讲,建筑的装饰物必须是美观的。它必须遵循人们对美学的所有要求和标准。比如统一性、平衡性、层递性、和谐性,优雅感和节奏感,诸如此类。对建筑装饰的批评和评论,其本身作为一种抽象概念,其实就是对装饰物的应用是否符合我们的需求和标准而做出的评价。但这还不是全部。在第二章里,我们所概括出的对建筑装饰的要求,仅是对纯粹形式上的要求,而大多数的装饰要求都要比这更多。建筑基于一种良好结构感的、纯粹的形式而存在,装饰则以一种正直和真诚的精神为基础的、纯粹的形式而存在。它以装饰为目的,以表现为理念。相比建筑而言,装饰引进了一种新的元素。这种元素是对人们情感的直接诉求。也就是说,装饰是一种情感、感觉、记忆、联想等,是人类各种复杂的情感效应。无论是美丽还是不美丽的事物,这种效应都会在人们身上产生。

当然,整体的一座建筑也存在这些元素。比如哥特式教堂能带给人们一种非常明确和直接的情感效应。陶立克式圆柱,会让我们联想到雅典;在科林斯式的柱廊面前,我们一定会感觉自己身处罗马;在路易十四的房间里,我们的脑海中会浮现那艳丽的、镀金的球场照片。但是,这是一种比装饰带来的直接情感更理智、更感性的快乐。它需要人们有一个受过良好训练和敏锐警觉的头脑。人们只有通过不断地被教育和培养,才能具备大量的历史知识和经验。

装饰本身相对地更民主、更大众化一些。整体建筑和装饰部分,二者如同兄弟一般。如果它们可以协调一致,那么这将会给人们的感官和心灵带来巨大的震撼。这种震撼的效果,对雅典人来说就是未知的,而对罗马人来说也只是一个模糊的词而已。由此可见,主题对于良好的装饰效果来说是很重要的,而且比我们当今大多数建筑师所意识到的更为重要。在前面的一章里,我们讨论到了这个问题的一个方面,即建筑设计师使用的装饰素材的问题。这一章我们将探讨建筑艺术理论。

具象派装饰,无论是什么主题,它首先一定要运用恰当。装饰所使用的材料必须适用于所表现的主题、建筑的介质、它在整体建筑物上的位置,以及这座建筑物的建筑目的。

装饰必须有适合其材料的主题。乍一看,这一点可能会有些莫名其妙,但其实这并不奇怪。我们先花一点时间,考虑一下装饰材料的品质。比如花岗岩和青铜。花岗岩厚重且质地粗糙,很难切割,但是很有趣味性。青铜是一种金属,将熔化的这种金属灌注到一种模子里,这种模子是用黏土制成的,质地柔软且容易塑形,能够做出最精细的变化,还能对其表面进行调整。青铜制品在完成之后,表面光滑而闪亮,它的这种特性使得最细微的曲线都可以折射出不同的光线。所以,一种装饰材料适合一种主题,这种说法一点儿也不奇怪。

的确,每一个人物画像都可以被雕刻出来,但是被雕刻出的这些人物画像,其着装不会相同,也不会摆出同一种姿态。花岗岩雕刻出的人物画像,应该是一种巨大的石像。人们只需简单地雕刻出人物的棱角特征,雕刻出宽松而又优美褶皱的袍服,使其呈现出简洁、朴素的线条效果。雕像的人物形态应该是强壮的,其挺拔地站立着,或者极其庄严而宁静地端坐着,赋予人物一种深沉、久远的仪态,就像是这种装饰材料表现出久远的特征一样。用青铜装饰材料雕刻出的人物像,可能在人物穿着上表现的是带有更为复杂褶皱的袍服,或者纯粹是裸体式。这些被雕刻出的人物像,洋溢着建筑艺术家的奇特想象,可能是一种人物快速运动的姿势,也有可能是其他的造型。这种装饰材料带来的多种可塑性和延展性,对于上述这么多的人物造型来说,恰好是完全合适的。

使用不同装饰材料雕刻出的植物,也会产生不同的效果。例如,英国人喜欢用传统的葡萄藤来装饰他们的大铁门。这些装饰带有一种精致而卷曲的线条,有薄薄的卷边叶子和细小的卷须。试想一下,如果使用花岗岩材料来雕刻这些造型,绝不会有这种完美的效果!花岗岩的纹理很粗糙,光打在它们粒状、多色的表面上,阴影将会消失,整体效果会偏弱而显得平淡无味。相反,一束带有坚硬的、圆形橡果的白橡木,人们使用花岗岩来雕刻,其装饰效果要比使用金属质地的装饰材料好得多。

事实上,这是一个普遍的法则。装饰所使用的材料越硬、越耐用,所表现的事物就越庄严、越朴素。从最坚硬的、耐用的装饰材料,到最柔软的装饰材料,规则似乎都是这样的:首先是花岗岩,适合于表现朴素、简洁的效果。比如,某些传统的人物画像,以及一些强壮、有明显而强烈线条的植物形象。其次是大理石,它有各种各样的纹理和表面,适合许多不同种类的主题。不过,我们也要注意,任何带有强烈色彩和明显纹理的大理石,都比花岗岩更不适合雕刻和装饰精细的装饰品。另外是石灰岩,这是美国建筑中一种常见的白石。这种白石就像大理石一样,是一种可塑性非常强的材料,适合雕刻各种精致的装饰品。再有就是乳白色波纹的石灰岩,这种材料质地更加柔软、易切割。它适用于各种类型的、自然主义风格的装饰物。最后是金属材质,相比较其他材料,它具有一种独特的自由线条和主题,设计师们可以充分发挥他们建筑艺术的想象力。

虽然罗列这些仅是一个大概的情况,但这是非常重要的。这些规则是在人们的实践与建筑艺术的真理的基础上总结出来的。在我们现代的建筑中,不同材料会表现出不同的品质,这条规则在很多时候都被人们遗忘了,看起来我们应该有必要把它加进来。我们总是试图同时做两件事:追求过于丰富的材料和装饰。但是,这样的追求往往让我们忘记优秀的建筑设计,只需要简洁的需求。人们要牢记这一点,并带着这一点来欣赏我们周围的建筑装饰艺术。这样，你很快就会意识到，真正优秀的建筑，其装饰和装饰所用的材料一定是互相映衬的。

装饰必须适合于它所使用的媒介，即材料。这是一个相比先前所说的更简单、更明显的真理。色彩丰富的绘画装饰应该有同样的主题作为雕刻的装饰，这里需要解释一下，尽管这种做法做的次数已经够多了，但仍旧荒谬可笑。巴洛克时期的建筑艺术家们，最应该受到指责。他们痴迷于单调、乏味的花彩雕刻，以及浮雕绘画。他们的雕塑满是做作、不自然而又带有似图画般的情感追求，无论做工如何巧妙、精细，这种效果总是令人感到不舒服、不满意。在这点上，我们做得要比他们好些，但是，我们必须时刻保持警惕。

最后，装饰的主题必须与它装饰的建筑主题相适应。这也是我们所欠缺的地方。在我们的现代建筑里，似乎有一种精神上的盲目性。比如，我们的教堂和剧院是一样的，雕刻着十分类似的东西。仔细想一想，如果建模师和建筑师的头脑中一直贯彻着装饰与建筑主题的一致性理念，那么，我们的建筑会多么富有生命力与激情。雕刻出或者画出的植物装饰，几乎在任何地方都很合适，绿色的大自然似乎总是给人们以回家的感觉。但是，当人类元素进入到这里的那一刻，我们必须小心。这个人类元素应该比植物更能大量地进入到这里。当建筑师装饰别墅、法院大楼以及剧院的雕带的时候，当建筑师装饰罗马神庙和祭祀区域的教堂的时候，他们肯定在建筑中错过了某些东西。如果建筑师能使这些画像更多地映衬出建筑的主题，那么，美国的雕塑家会做得非常出色，美国的雕塑艺术也会不断地向前发展。但是，建筑师以及他们的客户，对于他们所希望的建筑主题，必须要将其具体化和形象化。这看起来似乎落后于这种雕塑的欣赏价值，以及这些雕塑家对它们的欣赏价值。

在阿卡狄亚，那种世外桃源式的社会环境里，建筑师、画家和雕塑家相互合作来建造每一座建筑。在这样的情景下，人们所建造出的建筑是截然不同的。那里的剧院,不仅仅只是具有一个或者两个特点。它们有可能被装饰着浮雕,或者带有与众不同的绘画特点,或者被装饰着世界上伟大的戏剧文学,或者只是青少年鲜活的喜悦情愫,所产生的生机勃勃景象的装饰物。那里所有的教堂都装饰着描绘有各个时代的圣徒、烈士、先知和传道者的雕带和图画。这些装饰构造出一种光明、幸福的力量与黑暗、堕落的力量之间持续斗争的画面。对于学校建筑,英国在学校装饰方面比美国做得更好。随便看看他们的一所新学校,教室里都装饰着柔软的壁画,这对我们来说是一种很好的启示。但即使在阿卡狄亚,它的装饰一开始也会显得粗糙。学校的前面装饰的横饰带上绘有欢乐孩子们的图画,光鲜、亮丽、生机勃勃,就像著名的卢卡·德拉·罗比亚建筑中雕刻着一路高歌欢唱的唱诗班的孩子们一样。学校的走廊里绘有这些小学生所向往的行业和职业的图画。它的礼堂会给人们一种具有巨大生命力的荣耀感。即使是阿卡狄亚的建筑,它也会从装饰主题中揭示出房屋主人的性格之类的某些特点,人们希望他们的建筑师能将建筑的设计主题具体化和形象化。

这种梦幻般的田园牧歌式的生活理想,让我们从此时此刻开始,为它而努力奋斗。它似乎不像看上去的那样不切实际、无法实现。我们的祖先已经看到了这样的建筑具有活力四射的价值。于是,类似的装饰不断地涌现出来。纽约的一所规模很大的高中学校,被一些建筑艺术家们以类似的方式进行了局部装饰。我们并不是没有能力和才能的。我们的雕塑家们有高超的雕刻技巧,建筑师们也正在等待着机会。只有一件事是我们所欠缺的——欲望。建筑师心中必须要明确:大众想要的是什么,大众得到的是什么。这是因为建筑师在建造建筑的过程中,如果不知道他想要的是什么,那么他的建筑往往会显现出摇摆不定的主题。我希望这一天能够早日到来:大量的民众开始不断地欣赏这种充满活力的装饰价值,并将它作为一种不可或缺的需求。因为那时,我们的建筑艺术将会绽放出新的美丽。我们平凡的生活将会增添一种更为丰富和欢乐的新元素。

图6-1　佛罗伦萨大教堂的前身

卢卡·德拉罗比亚的雕塑人物赋予了建筑整个生命和有趣的品质,这是使用传统风格甚至植物形态所无法获得的

建筑装饰的处理要完全符合它的材料、介质和用途,这一点比符合它的主题更为重要。对于装饰的处理,即对主题的处理,这是一个技术问题,它完全依赖于使用的材料和介质。装饰材料的运用既能成就一件装饰品,也可以损毁一件装饰品。然而,装饰材料不像装饰的主题那样有趣。因为装饰的主题涉及的是精神和灵魂,装饰处理仅仅是与这种精神和灵魂有关的外在表现。因此,在建筑装饰处理的问题上,我们必须仔细研究历史。正是出于这个原因,在前面对历史的总结中,每一个案例都强调了建筑装饰处理的重要性。

当今,美国在建筑装饰的处理方面最突出的缺点,是没有对一些低劣的建筑设计进行规范和限制。而且,这种情况相当普遍。事实上,这种情况经常出现在那些知名度较低的建筑师的建筑作品中。甚至,在一些纯粹的商业建筑中,人们也能发现这种缺点,并且试图找到更好的东西来改变这种缺点。在赤陶的建筑装饰上,这种缺陷尤为突出。

用赤陶装饰仿造石头装饰确实是十分相像,但是,这是一种巨大的不幸。这种伪造装饰扭曲了我们对建筑装饰的整个态度,并在我们大多数人的身上滋生了一种隐伏的伪艺术理念。全国各地的人们都在使用赤陶这种装饰材料,来仿造更有价值的装饰材料。建筑师们精心地进行仿制,使它们的颜色和纹理与被仿造的装饰材料尽可能达到一致,甚至包括一些最优秀的建筑师也这么做。最后,经过细心处理的赤陶装饰彻底替代了石头装饰。事实上,这种赤陶装饰的建筑,看起来感觉像是在故意愚弄公众一样,其目的是让公众相信,他们所面对的是由石头装饰的建筑。

我们不得不谴责这种做法。这是我们头脑中天生的伪善的表现吗?我们已经做了太多这样的事情!但是,情况也并非完全这么糟糕,希望还是有的。我们的建筑师在琢石方面已经考虑了很长时间,这就是一种存在希望的迹象。在目前的条件下,琢石是最昂贵也是最耐用的建筑材料。这样,建筑师很难考虑使用其他更不耐用的建筑材料。然而,赤陶却在这方面拥有巨大的可能性。下面,我们就介绍一下赤陶材料具有的独特品质。首先,这种材料是一种由模型镶铸的模具。因此,用一个模具就可以制造出大批的赤陶块。这样,某些复杂造型的装饰可以很快地被重复制作。每个赤陶块都有一些精致、巧妙的图案,可以赋予建筑一种独特的纹理,并且可以将其与一座石砌建筑区分开来。其次,由于赤陶的装饰不是雕刻而成,而是通过模具镶铸成型的,所以,使用这种材料制作装饰品,比使用石头材料更自由、更方便。建筑师可以利用阴影产生的深孔,以及大胆的高光折射,不断地变换浮雕的造型,这样装饰就可以很容易变得精致。于是,这样的做法使人们忘记了更严格的石材要求。建筑师们几乎不再使用石头材料。最后,赤陶装饰必须被烧制。在这个过程中,它可以被上釉和着色,而且所花费的额外成本是很低的。自意大利文艺复兴时期以来,赤陶装饰变得越来越令人惊讶。我们所有的建筑师们都开始仔细地研究它,而且还出现了一所培养室内装饰设计师的学校,专门研究彩色赤陶装饰。比如在意大利北部文艺复兴的盛行早期,卢卡·德拉·罗比亚和安德烈亚·德拉·罗比亚的名字都是神奇而极具影响力的。他们的声名和作品传到了法国以及遥远的英格兰。尽管人们可以看到周围这些建筑对生活和工作的影响,但是他们从来没居住过这样的建筑。的确,有些建筑师任意在建筑物中加入彩陶装饰,或者采用陶器壁板或者彩陶喷泉,影响了建筑的整体效果。但是,彩陶装饰无与伦比的可塑性和延展性是十分优异的。这一点却被人们忽视了。其实,只要人们能够合理利用,这种装饰的艺术价值是很值得称赞的。希望这种情况很快就会结束,也希望这种建筑颜色和赤陶装饰,最终会一起融合在现代建筑中适当的位置上。从 1856 年的铸铁时代,到1916 年的铸陶时代,希望这种人造石的时代能够有一个没有遗憾的结局。

关于装饰批评的讨论中,有一种很好的装饰是需要提及的。因为大部分的书面评论都是关于具象派装饰的优点和缺点,而其他装饰的优缺点却很少被提到。我们现在要讨论的这种装饰,是通过使用最初的建筑结构所必需的构件元素而构成的。这种构件元素纯粹是为了装饰。下面用实例说明这一点:圆柱、壁龛、山墙和圆屋顶(文艺复兴时期半球形的外壳)。比如伦敦的圣保罗大教堂。它的拱门建筑以及类似的建筑,圆柱和与之密切相关的形式,半露柱、附墙圆柱,也许是最明显的实例。最初,圆柱只是一种纯粹的结构元素,起到必要的支撑作用。后来,圆柱和柱廊仅仅用作装饰,因为没有任何东西可以取代柱廊那宁静的韵律感和浓厚的优雅感。当然,在某些地方,柱廊是作为一种真正的门廊的功能被使用的。就像华盛顿的国会大厦,它的柱廊以前经常被用作门廊。

但即使在这种情况下,柱廊的装饰需求远比实际需求更大。实际上,柱廊的装饰功能比其结构上的必要元素功能更为重要。当我们看一些柱廊的实例,比如卢浮宫,或者奥尔巴尼的州立教育建设大楼的柱廊,这些柱廊作为人们对门廊的想法,实际上是不存在的。柱廊纯粹是一种装饰,所以它应该完全被作为一种装饰来加以评判。

图6-2　纽约邮政大楼

这是美国最好的柱廊之一,它是第二种对称构图方案的例子

罗马人开始设计出另一种圆柱装饰。他们使用附墙圆柱,即用圆柱的一部分砌在墙里,成为拱形曲线状。这种组合在罗马剧院和罗马圆形剧场(如罗马竞技场)中尤为明显。但是,它也被用于其他建筑上。例如,梵蒂冈大教堂(长方形廊柱式教堂)、罗马档案馆和罗马政府大楼。这种装饰在卡匹托尔山的古罗马会场上方(古罗马七丘之一,古罗马城建于七丘之上)高高地耸立着。在文艺复兴时期,这种由拱、柱或者附墙圆柱结合而成的装饰被广泛地应用。教堂的中殿、宫殿的前廊和修道院,这些建筑时常使用这种组合进行装饰。圣彼得教堂的室内装饰就是一个最好的例子,还有文德拉米尼宫也是这样的装饰。在文艺复兴时期,意大利人开始使用圆柱和附墙圆柱,它们在当地被称为"顺序层"。

这是同一装饰的另一种形式,这些圆柱被紧密地联合在一起。他们使用附墙圆柱或者半壁柱装饰一堵平坦的、完整的墙,上面有一层到三层的高度。

这种"顺序层"装饰在建筑界引起一片哗然。建筑艺术批评家们抨击这种装饰,认为这是一种非结构性的、伪善的装饰。批评家们指出:这些"顺序层"装饰的运用与整堵墙的感觉是互相矛盾的。并且声称:"这种建筑装饰是一种衰败和伪善文明的象征。它把我们带离了辉煌的哥特式建筑这种真正的建筑艺术。"

这一指责被不断地重复着。但是,建筑师们已经把它当成一种规则,并且一直在反抗。建筑师们继续使用这种受批评的装饰方法,而且使用频率很高。因此,似乎有必要仔细研究一下这种批评的优点,看看他们双方所争论的事实究竟是什么。

区别似乎在于人们的观点。如果人们愿意接受这些建筑批评家的观点,也必然会接受他们的结论;同样,如果人们接受建筑师的观点,人们将继续使用这些"伪善"的装饰。问题的关键似乎在于批评家们。这些批评家们公开谴责这种建筑构件的装饰用途,而且对建筑的艺术赋予了太多纯理性的含义。他们把真诚的美德奉若神明,并且用一种严格的、完全没有根据的方式加以应用。的确,圆柱实质上是建筑支撑构件,用它们作为装饰会使人们忘记它们原始的功能。但是,除了有支撑的功能之外,圆柱本身也是非常漂亮。它那坚固、垂直的线条,以及带有装饰的"帽子"和底座形成了一种独特的建筑风格,这是用其他方式不可能达到的效果。如果建筑师的目的是为了创造出美丽的建筑,那为什么建筑师不能利用圆柱的这种美丽的特质,并且把这种独特的美丽特质运用到建筑中去呢?

对于批评最多的"顺序层"装饰用法,我们用一个实例来说明。比如罗马斗兽场的建筑,半壁柱、附墙圆柱与拱门三种形式互相结合使用。

这座建筑优美的韵律感,已经被人们分析过了。批评家们对此讲不出什么说辞来。批评家的评价只是一种理论性的推测,而建筑物美妙、庄严的节奏感是一种真正存在的现实情景。此外,虽然圆柱的垂直线条对支撑作用是一种有力的表达,但是拱门在这里是用作对墙体的支撑,圆柱仅仅是一种装饰。另外,连拱柱廊结构的力量,使得建筑更加坚固和结实。圆柱上方的柱顶盘那深深的阴影,显示出它的高度,并将巨大的圆柱和拱门的整体环道连接起来,捆绑在一起。因此,人们看到的东西,以及随之表露的神情,实际上比建筑的实际构造更具有真实的审美观点。由此,合乎逻辑的结论应该是,只要这种装饰被放置在合适的位置上,而且相当具有美感,那么它就是好的建筑。所以,罗马圆形大剧场的圆柱、柱顶盘,都是很好的建筑装饰。它们实际要表现的效果,只是为了强调结构底座的实际支撑力,以及实际的划分层。

在评价柱廊的使用时,人们必须采用某种类似的方法。必须使用他们的直觉判断力(普通常识)来对柱廊进行评论和判断。而直觉判断告诉人们,柱廊并没有与建筑形成矛盾,也没有损害建筑;而美学意识也告诉人们,它同样有令人愉悦的感觉。所以,人们可以认为它是好的建筑。巴黎卢浮宫的柱廊就是这样的例子。庄严、宏伟的柱廊整齐地排列开来。它们的下面是坚固的建筑基座,并且恰到好处地被角亭和中央的山墙分割开来,这样的设计显然是令人非常愉悦的。这组柱廊既坚固又优美,与它前面的广场形成了一种完美的装饰搭配。而且,它在结构上也没有相互抵触的地方。虽然这些柱廊不是一种必要的门廊,与后面的建筑也没有什么实际的关系,但窗户的间距空间给了它存在的必要性,而建筑本身并不需要任何显著的结构来表现其扮演的角色。同样令人满意的是纽约邮政大楼的柱廊,前面已经说过了。但是,奥尔巴尼的纽约州立教育建设大楼的柱廊可能是这个国家永久保留下来的、最大的柱廊列,也是最近几年中最伟大的建筑奇观之一。它坐落在一个相对狭窄的、带有陡坡的林荫大道上,这样的环境使它无法呈现出与卢浮宫的柱廊列一样的整体效果,当然也没有理由为了装饰效果而改动整座建筑的结构比例。而这座建筑属于一座大型的办公行政大楼,它需要一种表达其官方和教育目的的建筑主题。这样的建筑主题显然需要许多的窗户以获得充足的阳光和空气,而且还需要有一个巨大的、吸引人进入的入口,以代表国家的民主政治意义。这座建筑的柱廊在后面的墙壁上投下的深深阴影,形成了强烈的突出部分,而主入口仅仅被一组不起眼的台阶所标记,所以窗户和入口都被黑暗隐没了。那建筑物的实际用途很可能也被隐藏起来。其最突出、明显的就是那巨大的圆柱列。因为地面是斜的,圆柱列一端靠近地面,另一端却被放置在高高的建筑底基上。在这里,结构性表达所做出的牺牲实在是太大了。而柱廊本身,它的装饰非常华丽、繁冗,拥挤的科林斯式的柱顶,以及上面厚重的、盒子状的柱顶盘,没有任何地方能够弥补至高无上的建筑美感,或者庄严感。在这里,使用结构特征表现的装饰效果已经不复存在。而且,这是一座热衷于宏伟和庄严感的建筑,而这样的外部效果却出现了一种明显不真诚的错误。

由此看来,人们在对结构性建筑构件用作装饰目的的批评中,既有正确的,也有错误的。人们既不能完全抨击它,也不能完全认可它。每座建筑都必须根据其自身的真实情况来被评判。尖拱上带有孔眼且没有屋顶的哥特式建筑,其山墙、柱廊、附墙圆柱,或者半露柱,这些建筑构件的本身没有对或错的概念。所以,人们在使用这些建筑构件时,如果没有出现绝对的结构性矛盾,对建筑的使用功能也没有造成绝对的障碍,那么我们还是会宽恕一些。如果它们体现了建筑艺术真正的美学功能,那么我们就认可它们,把它们看作是好的建筑。相反,如果它们的使用看起来确实掩盖和违背了整座建筑的主题,或者不能满足必要的艺术需求,那么人们就可以尽情地抨击和挖苦这些伪艺术作品,把它们归为一种建筑艺术史上的重大错误。

在本章中，我们专门讲述了结构构件用作装饰的使用方法。那么，对于装饰的批评中的另一个事实情况，读者也需要进行一些了解，那就是装饰与它装饰的建筑之间的关系。从某种角度上来说，装饰与它装饰的建筑物之间的这种关系，装饰的艺术价值相比对装饰本身的批评更为重要。许多伟大的建筑，它们的某些装饰部分是不够完美的。甚至最优秀的装饰，如果它们被摆放的位置不对，或者出现明显不合时宜的情况，建筑的整体效果也会被破坏。所以，建筑装饰一定要适用于建筑目的。

整体建筑与装饰之间最明显的关系，可能就是数量上的关系。当人们行走在一座城市的时候，建筑物之间的各种差异可能是影响人们感官的第一个因素。人们会注意到 些建筑有很多的装饰，但是，有些建筑的装饰却很少。有些建筑物几乎布满了装饰，但建筑效果非常好；而同样多的装饰出现在另一座建筑物上，有可能效果会很差。一些普通的、没有装饰的建筑可能看起来光秃秃的，毫无趣味，但是在同样的情况下，有些建筑却充满了强烈的建筑美感，由此可以看出装饰的数量与建筑的艺术价值之间没有关系。

的确，界定好装饰的数量对于整个建筑的艺术效果有很大的好处。但是，没有界定这种数量的至多原则。它不像文学小说，文学小说对于修饰词的数量是有普遍的规定和原则的。装饰是建筑中具最个性化的元素之一，设计者的所有设计特点都应该自由地被赋予到这个装饰中。有些设计者天生具有巴洛克式的建筑理念，有些设计者天生具有清教徒的艺术约束。任何人都不应该随意说出这样的话：这一种建筑是卑劣的，或者那一种建筑是完美的。无论是放纵的装饰，还是克制的装饰，建筑的美是同样存在的。

装饰的数量与建筑的目的之间似乎没有必然的联系，但人们的潜意识会认为剧院应该比教堂更具有装饰性。一般而言，如果建筑的目的是欢快、华丽的,那么建筑的装饰数量会多一些。但是,这个简单的表述,不能概括全部建筑的特征。因为建筑的特征由其各个组成构件的总体设计效果决定,而不是由它的装饰数量决定。一些建筑大师首先注重的是纯粹的装饰形式所产生的微妙的情感艺术价值,而装饰的数量是次要的问题。一位建筑师可以使用巨大的拱门,也可以使用赤陶装饰的雕带,来装饰一座华丽、喧嚣的剧院,还可以使用华丽的西班牙巴洛克式装饰风格,来建造一座庄严、令人印象深刻的教堂。一座建筑需要多少装饰,这没有一种规则和标准。在对装饰数量的评判中,人们只有最模糊的一种标准,即装饰数量应该看起来既不太多也不太少,尤其不能显得太多。人们在欣赏建筑的时候,普遍认为适当的装饰要比装饰过于华丽的建筑看上去更好一些。在建筑装饰中要尽量做到节制,就像其他任何领域试图要做到的一样。这一点是非常有价值的。任何的建筑里都有这样一种迹象:如果建筑师把他们脑海中构思的每一种装饰都放入一座建筑中,那么这座建筑不可避免地会呈现出一种炫耀、浮夸和粗俗的艺术特质。建筑的庄严感总是产生于宁静之中,而宁静总是产生于建筑的适度装饰之中。

在评判建筑中的装饰数量时,人们必须牢记这样一个事实。我们的某些建筑师似乎认为,在装饰过于奢华的建筑表面,光和影的错综复杂的折射作用会蒙蔽人们的眼睛,使整个建筑设计背后的想象力变得贫乏。他们没有意识到,设计数量众多的、优秀的装饰,其难度是很大的。而使装饰华丽的建筑免于庸俗和卖弄效果的唯一方法,就是努力思考和研究装饰本身,以及它是否与整体建筑形成完美的统一。

在评判一座建筑时,如果装饰的数量相对不是很重要,那么装饰被摆放的位置就显得尤为重要了。过度装饰的建筑达不到艺术效果的一个原因,可能是它妨碍了建筑中突出而有趣味的部分的表现力。对于装饰的位置摆放问题,其很大程度上取决于装饰本身具有何种优缺点。

图 6—3 位于西班牙萨拉曼卡的埃斯库拉斯·门德尔斯之门

这个门的艺术效果非常好,原因就在于它被放置在一个没有装饰的石墙上

首先,建筑的装饰部分应该放置在建筑的整体组成构件要求的地方。装饰的使用一定要考虑到建筑的平衡性。这种考虑的必要性和其艺术价值已经在前面的章节中讲过了。装饰同样需要有节奏感、和谐感或层进感。这就是为什么装饰师设计出的建筑往往都不能令人印象深刻的原因。装饰师善于做小件装饰,对建筑装饰的运用充满热情。由于他们没有接受过建筑师的专业训练,不能掌控大型建筑的整体布局。因此,他们常常在建筑装饰方面放错地方。真正的建筑师,一旦确定了建筑的整体方案,他在扫视的过程中,就会意识到建筑构图中哪里是需要装饰的地方。无论是屋顶的脊饰,还是檐口饰、门廊周围、门,或者飘窗,这些装饰被放置在建筑构图中完美、适当的位置,对于装饰本身和整个

建筑都会有意想不到的艺术价值。

在大型建筑中,装饰布局变得十分重要。人们耗费巨资修建的奢华建筑,它们需要突出庄严和华丽的基调。装饰通常是恰到好处地分布在整个建筑中,它们不会被放置到明显削弱建筑结构性的地方,或者导致削弱建筑强烈力量感的地方。但是,在一些非正式的建筑里,由于经济原因,装饰会出现在不太适宜的地方。我们周边最高等级的建筑装饰变成了奢侈品,而且必须被使用。因此,为了更节约地营造出人们渴望的既丰富又美观的建筑效果,装饰师需要更小心地、更有节制性地使用装饰。要做到这一点,他们只能通过把装饰集中在建筑的某些地方来完成。特别是常见的地方,比如在主入口门的周围、檐口周围或者屋顶周围。西班牙人经常使用这种设计方法来完成他们的建筑。人们在那里不止一次地发现,简洁的墙体具有巨大的延伸装饰部分。无论是醒目的、颜色瑰丽的木质檐口,还是开放的凉廊,门的周围和上方也装饰着一种巨大的建筑框架,上面有许多错综复杂的精致装饰。

这是一种越来越受大众欢迎的建筑设计风格。殖民地时期的建筑就是这种设计风格最好的例子。这些房屋总体的建筑方案很简单:砖墙或者石墙没有装饰,屋顶上有一种精致的挑檐装饰,中间有一扇被装饰得精美绝伦的门。建筑装饰完全是集中式的,简单的墙壁就能彰显门的卓越,并使其变得引人注目。

这种集中装饰的形式,在建筑发展史中从未完全消亡过,甚至还得到了加强。这其中的原因,不仅是因为西班牙建筑和伊斯兰建筑以这种方式进行设计和研究,而且还有经济上的原因。这种集中装饰的形式,让人们认识到了一种更理智、更富于艺术性的真理。事实上,一座建筑的装饰集中在几个地方,与同样数量的装饰被散布在整个建筑结构中相比,前者的艺术效果更好。

图 6—4　美国马萨诸塞州塞勒姆的加德纳·怀特·平格里之门

门口是这座房子的唯一装饰特色,这一点极大地增加了它的魅力

　　我们已经仔细考虑了建筑需要的装饰种类,以及装饰与建筑目的、装饰与其被采用的材料之间必要的适宜性问题。接下来,我们还有一点需要讨论,那就是装饰大小的问题。装饰的大小对于建筑来说是很重要的,因为它在很大程度上对一座建筑的长度或者高度产生潜在的影响。用建筑师的话来说,装饰的大小有助于确定整座建筑的"规模"。

　　这里有一个很好的例子。罗马圣彼得大教堂的正前方,就是由装饰部分的大小来比量整个建筑规模的,但是却出现了错误的比例效果。首先,它是由一组巨大的半露柱和附墙圆柱装饰,每一根圆柱都与建筑本身一样高。这组柱廊列的上方相应地有一个巨大的柱顶盘,柱顶盘上面有一个至少2米高的矮护墙。前面所有的窗户和壁龛也同样都是巨大

图6-5　罗马圣彼得大教堂

的,雕像更是巨大无比。而矮护墙通常被用作栏杆,因为它的高度很少
会超过一米五。我们的眼睛习惯于窗户和壁龛是适当的大小;使用的这
些雕像,最好是比实际的实物稍微大一点儿。而圣彼得大教堂前面的建
筑构件:矮护墙、窗户和壁龛的尺寸都被扩大,其在人们的面前呈现的效
果就是:整座建筑显得极度渺小,它们本身巨大的尺寸明显缩小到中度
尺寸。人们不能想象这种矮护墙的尺寸比通常的栏杆尺寸要大,雕像的
高度也超过了 6 米的画面。人们也无法想象在他们面前的这座巨大建
筑的真实大小。在远处看圣彼得大教堂正面的时候,人们总是感到很失
望。因为从教堂门口涌出的人们看起来就像一群蚂蚁。同样,人们在建
筑上还能看到一个小铃铛,高高地被悬挂在大教堂的正前方。它和一个
火车头的铃铛一样大,并不停地摆动。人们听到它发出低沉的声音,就
像"大本钟"的音调一样,这也带给人们一种不小的震惊。经过多次的参
观和考察,这座建筑的真实规模和伟大之处才逐渐地被人们所了解。位
于纽约曼哈顿的纽约中央车站,也是一个具有不合理尺度比例的实例。
位于山顶上带有 9 米高雕像的巨石群,立刻破坏了这座建筑本身应有的
规模效果。以上两个实例,都是从反面来讨论建筑构件总体方案与装饰
方案之间的相互关系的问题。一个实例说明的是一座相对较小的建筑,
仅仅通过按比例简单地增加每一部分大小的方法,来适用于大型建筑的

错误装饰方案;另一个实例根本就不是一个完美的装饰方案。这两种情况都导致了对建筑效果的错误判断。

综上所述,装饰大小的第一条规则是:任何建筑物上的装饰都应该是均衡而成比例的,从而使建筑物呈现真实的大小。其做法就是保持建筑构件(比如栏杆等),尽可能地接近它们往常的、标准的尺寸,不要过度地改变具象派装饰物的尺寸,也就是不要过度改变物体本身所具有的真实尺寸。

装饰大小的第二条规则是:在严格遵守第一条规则的基础之上,适当地改变装饰的大小。这可以用下面的一些词汇来说明:装饰的大小应该与人的眼睛的距离保持一致。也就是说,装饰物接近眼睛的水平时,装饰物需要被做得稍微小一些、更精致一些;装饰物与眼睛的距离相对较远时,装饰物需要被做得大一些,更简洁一些。圣彼得人教堂的建筑则忽略了这个规则,它正面的所有装饰都是类似的大小。当人们走进建筑观看时,就进入到 30 米高的巨大模具里。这种感觉是很不舒服的。

在这方面美国建筑师也会感到很羞愧。原本美丽的建筑,他们却常常把它的上半部分布满错综复杂的装饰,其艺术效果则完全被淹没在大街上。另一方面,则是赤陶装饰的使用。由于赤陶装饰可以由模具轻易地铸成,而且成本很低。这些原因促使人们使用模具来复制类似的装饰。比如把它们同时装饰在建筑的顶部和底部,其结果必然导致装饰都被复制成相同的模样,装饰的规模大小更是如此。

当然,这两种规则都有例外的情况。在最优秀的建筑中,人们有时会违背这两条规则。但是,如果不得不违背这些规则,那么人们一定要以其他方式抵消其造成的规模不足的问题。例如,为了使一座建筑看起来比实际情况更大或者更小,建筑师可能会有意识地伪造一座建筑的规模,这种做法就是对违背这些规则所做的弥补措施。例如,圣彼得大教堂的前部建筑,建筑师们可能一直在做着努力,希望最终实现那种建筑真实尺寸的震惊效果。同样，为了使某个小型建筑具有居高临下的效果，建筑师们就会把它制作得看起来更大一些，或者让它与旁边的建筑构件更好地协调起来。然而，尽管如此，有意识地对装饰规模进行故意造假是一件危险的事情，毕竟它产生出的效果是假想的，不是真实的。一旦这种欺骗的小伎俩被人们戳穿，那种隐藏着的不真诚的艺术态度就会使人们感到非常厌恶。

在建筑的室内设计中，自然形式的使用有很大的自由。这一点似乎与上面的规则相悖，例如巴黎圣母院。在这座建筑中，唱诗班屏栏的外面有一些浮雕，这些浮雕绘有迷人的人物画像，大约有 1.2 米，在唱诗班的环形走道上形成一个奇妙的装饰带。它们并没有违背装饰大小的规则。因为，尽管它们的尺寸要比实际尺寸小很多，但是它们刚好与人们眼睛的水平线保持一致，人们正好可以仔细地观察到每一个装饰的细节。坦白地说，这是一种缩图、微型画。这就是使用自然主义装饰的秘诀：装饰的尺寸要比实物尺寸小。这种装饰就是一种微缩模型，它不是虚假的伪装艺术。伪装的艺术是不真诚的艺术，不真诚的艺术才是不好的艺术。这也许就是为什么装饰尺寸比实物尺寸更小的装饰，相比装饰尺寸比实物尺寸更大的装饰，其艺术效果更成功的原因。人们坚定地把它作为一种规则来运用的原因是制作微缩模型要比制作放大模型更容易一些。在圣彼得大教堂的入口处，有一些丘比特端着圣水瓶的雕像，这些雕像是上述内容很好的例证。这些雕像与人们眼睛的距离十分近，孩子的形象被雕琢得活灵活现，它们真实地展现在人们的面前。但在大小上，它们与这座教堂的其他装饰是相似的。如果它们身材巨大，那么从某种角度上来说，它们的体型也许会成为一种无礼和冒犯。它们的面孔充满了一种无意识的、倔强的愤怒，表现出一种想要大喊大叫的欲望："不，我不想成为你试图让我那么小的样子。你是过度生长的、拉伯雷式的婴儿（拉伯雷，法国讽刺作家）"。那么，这种情绪效果几乎没有一点儿宗教的多愁善感的色彩。这些巨大的丘比特装饰是失败的装饰品，更是糟糕的艺术，因为它们表现出的是明显的做作和不真诚。

在分析和评判建筑装饰的时候，人们必须从下面这些观点来进行研究：首先，装饰本身必须是美丽的。其次，装饰必须是适宜的。装饰要与它装饰的建筑目的相适宜、要与它使用的材料相适宜、要与它运用的艺术手法相适宜。再次，如果装饰是由用作装饰目的的建筑结构构件组成的，那么这些构件必须有足够的审美需求，而且它们不可以与建筑的整体结构相互矛盾，或者偏离其实际效用，尽管对于这些构件来说，表达其隐藏的建筑结构是没有必要的。第四，装饰的数量必须是合理的。装饰所期望的丰富性必须与建筑物的整体设计相一致。装饰过于庞大、繁冗，会产生一种粗俗的炫耀感。最后，根据建筑的总体构图方案，装饰应该放置在能发挥其最大艺术效果的地方。另外，装饰的大小尺寸应该具有一定的一致性。首先，它要与建筑物的大小和设计保持一致；其次，它要与人们看到它时产生的距离保持一致。总之，从以上的这些观点对建筑装饰进行评判，人们心中必须始终牢记，所有真正的艺术的伟大追求是：真诚的心灵与客观的常识之间的融会贯通。

装饰是一个巨大的课题，它的寓意相当广泛，需要专门的一本书来讲述。除了建筑艺术之外，装饰是许多艺术的基础。装饰是建筑艺术的一面，它给人们带来最普遍的艺术享受，也激发了人们最普遍的兴趣。对所有艺术来说，装饰的需求具有最直接的感染力。

第七章
建筑规划

　　这本书完全以一种美学设计的艺术角度来探讨建筑。在大众的眼中建筑的艺术效果是显而易见的。同时,我们也探讨了建筑师用来产生建筑的效果感、结构感和装饰感的关于建筑材料和建筑构图的问题。现在,我们必须扩大对建筑的研究范围,深入探讨那些在建筑中很少被人们提到的问题,从而拓宽人们的视野。也许,这些问题表面上看起来不太有趣,但在某种程度上,人们会发现一些其他隐藏着的、并且能给人们带来更多启示的东西。

　　没有完美的建筑规划,人们根本谈不上是对建筑艺术的真正欣赏。人们对这个伟大课题给予的关注太少了。这种现状导致许多像罗斯金(英国艺术批评家)这样的建筑艺术批评家,把人们带进了酷似空中楼阁的幻想建筑领域。在第一章中,我们主要介绍了建筑的双重自然属性。建筑艺术的成长来源于两种思想理念:一种是实用性理念,另一种是美学理念。建筑独特的艺术魅力,正是通过这两种思想理念相互作用而产生的。讲到现在,这本书的大部分内容都与建筑美有关。在这一章,我们主要讲述建筑的实用性和结构性的问题。通过这些介绍,人们可以更清楚地了解建筑的实用性和艺术性两方面的密切联系和影响,以及二者相互渗透、相互融合的特点。尽管建筑规划主要是表达建筑效用和建筑强度的问题,但是人们不能想当然地认为,一名建筑师在构筑建筑规划的时候是工程师,在他装饰构图的时候才是艺术家。而真正的建筑师,往往既是建筑工程师,又是建筑艺术家。当他们忙于做建筑规划的时候,心中必须时刻保持着艺术想象力,这样,他们的建筑规划才会完美。而且,当他进行装饰构图的时候,还要始终保持着建筑的结构感,这样才可以让他的作品免于杂乱,避免出现不协调的情况。

建筑师做出的建筑规划图,并不是人们所认为的一种枯燥的拼图游戏。但是,这个词汇确实会使人联想到那些掺杂着各种黑色线条和白色区域的复杂建筑图表。这些图表上面会标注出建筑中各个组成构件的具体布局情况,对于不懂建筑的人来说奇怪而又晦涩难懂,但建筑规划图不仅意味着是一张"规划图"或者许多张"规划图",它有更多的意义。因为建筑规划是一门关于建筑中的各个组成构件,如房间、走廊等如何进行布局的学科和艺术。首先,要保证实用性。其次,要满足美观感。一张"规划图"仅仅是一张展示图表而已。只有通过这种艺术和技术相结合的方式,人们才能完成对建筑的规划。

建筑规划是一门关系到人们生活方方面面的学科,它一直与人们的生活息息相关。一座医院大楼的设计者,他必须完全掌握医院工作的实际需求。比如医院是如何管理的、医疗配套设施是什么、各个科室如何相互关联等这些专业知识。一位报社大楼的设计者可能会花上很长的时间在报社工作,他们带着笔记本,一边观察一边记录着报社大楼的工作管理方法,因为他在规划报社大楼之前会遇到问题。为了规划合适的公寓住宅,建筑师必须了解居住在那里的人们的日常生活方式,以及他们最大的需求是什么。所以,规划者在规划各式各样的建筑时必须与周围的生活情况保持紧密的接触。当建筑师正确理解所要规划的建筑物后,他的建筑作品会带来令人意想不到的巨大魅力。每一座建筑都会面对不同的问题,所以建筑师的建筑规划需要根据不同的人和事的特点不断地进行修改。从这个角度来看,即使是一张不起眼的"规划图",可能也会给建筑师们带来新的生活亮点和兴趣。

一张建筑规划图是指在所需要的水平上,横截一座建筑物而形成的水平剖面图。就像一个巨人拿着一把刀,从水平方向上横切一座没有家具配套的建筑,把它切成正方形,然后拿掉上面的部分。当他向下看的时候,所看到的就是这座建筑的规划图。根据墙壁的厚或薄,墙壁的实线也会随之变粗或变细。墙壁之间的空白空间就是门;窗户、坡璃的部分以及窗台,也是类似的空白区域,并带有一条或者多条细线;圆柱是实心的圆圈,等等。所有房间和走廊之间的关系,所有的开口、门、窗户和庭院,在建筑规划图上都一目了然。

建筑规划图是建筑师检验建筑效果最好的方法。从某种意义上来说,它是一种抽象概念。这是一种建筑构图,但是对于建筑师本人、甚至非专业人士来说,它比任何其他方式都更能说明建筑师的技能水平,以及他们的建筑理念。建筑规划图往往和照片或者草图一样,具有非常重要的价值。因为他们可以通过这张规划图掌握墙壁的厚薄比例关系、房间的宽窄程度、圆柱和脚柱、整个建筑的建设情况,以及布局情况。

一张建筑规划图就像图表一样,不同的是,人们在看图时必须要有充分的想象力。对于观察者来说,如果他想了解建筑规划的总体形态,那么他必须建立起想象力,实体的部分代表墙壁,圆点或圆圈代表圆柱,不断地想象着门已经被挂在门廊里、窗户已经安装完好、头顶上有天花板和灯光,自己从一个房间走到另一个房间,或者正在穿越着高耸的柱廊。人们根据这个建筑规划图,完全可以想象出这座建筑的真实模样。在建筑规划图中,存在着一些惯例和常规。这些惯例和常规可以帮助人们更好地发挥他们的想象力。从一个支撑点到另一个支撑点所画的虚线,通常表示上面有一个拱门。因此,在哥特式教堂的规划图中,纵横交错的虚线表示拱形相互交叉而形成的"肋"形拱。正方形里的虚线圆圈表示头顶上的圆顶。有梁的天花板,有时在规划图中也会用虚线表示。根据规划图的使用目的,建筑中的配套家具可以展示出来,也可以不展示出来。墙基的突出部分,由实体部分外边画出的一条直线来表示,圆柱的基底也用这种方法表示。房间的四周通常画有边界线,以此来强调它们的形状。箭头或者轴心线可以用作标记主要出入口的位置,或者是代表重要的通道线的意思。借助这些知识,人们就可以通过这张建筑规划图,了解这座建筑的结构。可以说,建筑规划图是说明一座建筑物整体情况的非常重要的记录脚本。

由此,建筑规划这门学科,首先需要对建筑物整体的用途进行仔细地分析:这座建筑是适合建造成居所、商店、工厂,还是适合建造成政府市政厅。同时,还要仔细分析这座建筑的各个组成部分的具体用途,我们可以简单地分为以下几类。

第一类,公共场所建筑。这类建筑是指那些对公众开放的建筑,或者至少是对很多人开放的那种建筑。比如政府大楼。这样的建筑代表的是公共办公区域的地方。还有其他一些类似的建筑,像剧院的观众厅和入口大厅、接待室。如果把"公共"这个词汇的意思加以延伸,甚至还包括客厅。

第二类,非公共场所建筑。这类建筑是指为人们专门设计的有特殊用途的建筑。比如私人办公室、私人图书馆、书房、卧室和早餐间,等等。

第三类,通道建筑设施。这类建筑属于很重要的一类设施。包括走廊、门厅、大厅、楼梯、圆形大厅等,这些设施在建筑上都是非常重要的构件。它们正确的设计和恰当的布局,在很大程度上决定着建筑的便利性和实用性,对建筑的审美效果也起着重要的作用,尤其是公共场所的建筑,因为大量的人都在不断地使用它们。

第四类，服务建筑设施。这类建筑主要是一些服务于人们基本需求的设施。比如卫生间、壁橱、锅炉房、燃料室、储藏室、茶水间和厨房，等等。

所以，建筑师在设计建筑时要做的第一件事，就是按照上述内容划分出建筑的种类，再根据客户的实际要求，对即将建造的房屋进行归类。在某些情况下，建筑师可能还得考虑房间需要配备什么。但是通常情况下，客户会有自己明确的想法。这样的初步分类，对于建筑师进行科学的建筑规划，具有非常重要的意义。因为，房屋经过分类后，建筑师就可以确定其在整个建筑中的位置。服务设施在建筑中属于从属地位；公共设施的位置要求在整个建筑中能够很容易被找到，等等。这种分类绝不是一件容易的事。餐厅通常是私人的房间，但在一个大家庭里而言，它可能会有一种公共的意义；起居室也一样，可能有时属于私人房间，而有时则属于公共场所，它的位置的规划必须使这两种功能都能够发挥出来。

初步分类一旦完成，接下来要做的就是根据房屋的重要性进行再分类。公共房间是最重要的部分，但也不是绝对的。例如，在某些房子里，如果要求着重强调私人空间，那么公共房间、接待室可能会被设计得很小，而且会被设计在靠近门的位置。相比前面的初步分类，这种再分类实际上对构筑建筑规划更有必要，因为它决定了什么房间应该占据最突出的位置。

一座建筑中有重要的位置和不重要的位置，这是整个问题的关键。大家都明白，建筑最重要的位置就在正门的正对面。与正门相对的位置有这些独特的特征：首先，人们可以在没有任何阻挡的情况下直接接近这个位置；其次，这个位置摆放的事物是走近这座建筑后，第一个映入人们眼帘的事物。如果有两个同等重要的房间，那么它们需要同时被着重强调，而且它们比建筑中其他任何一个房间都要更大，那么它们最重要的位置就应该在一条宽阔而笔直的走廊两端。在这条走廊的中间设计一个主要入口,从这个入口可以分别走向这两个房间。这样的布局使它们能够相互靠近一些,并且通过一个转弯可以相互出入,同时也将它们放在了走廊的重要景色的末端位置。如果有三间几乎同等重要的房间,那么一间可以被放置在横穿走廊的位置,与入口相对;另外两间被放置在走廊的两端,或者三间可以放置在一个正方形或圆形的三个面里,将入口安排在第四个面上。

建筑中最重要的位置,往往是在狭长通道的两端处,或者在建筑的轴线上。从这个实际角度来看,人们可以推断出这些轴线的重要性。在规划一座正式建筑时,建筑师通常以一条线开始,即他的建筑主轴。在这个主轴上,他规划着建筑的主要出入口,以及最重要的建筑特征。现在,这个主轴就意味着某种特定的对称性。围绕这个主轴,建筑中各个构件相互对称形成系统化,从而有序地进行排列和布局,并且有其最重要的建筑特征。这个主轴就成为许多建筑规划成功的基础。

这个主轴不是什么神秘的玄学,而是最简单的道理。事实已经证明了这一点。这个主轴仅仅是一种最简单的、人们视线上的抽象概念。一个开放的、定义明确的建筑轴心,将引领人们进入一个有趣、重要的房间,或者会让人们看到具有显著特征的建筑结构。同时,这个建筑轴心也意味着一种开放的、定义明确的、对称的视图,那个具有有趣特征的建筑部分,就是这个建筑轴心上的高潮部分。这样的视图总是比无序和杂乱无章的视图更美丽。如果建筑师不对建筑轴心进行深入的研究,那么这个建筑规划就不会产生令人满意的视图效果。一个定义明确的建筑轴心通常具有简洁性和直接性,因为在直线上行走总是比拐弯容易。正是由于建筑轴心具有这样的特性,所以建筑师才在他的建筑规划中努力建造这种建筑轴心。但是,那些非专业人士对于建筑轴心的重要意义根本就不了解。他们认为这样的对称性意味着浪费金钱,是一种不必要的做法,是一种冰冷而乏味的形式。只有看到具有独特景致和氛围的建筑时,他们的情绪才会被调动起来。比如,一座房子被建造于不同的历史时期,其既有旧年代的建筑部分,又有新时代的房间,还有位于角落的简陋棚屋。在他们看来,灰色的墙壁、布满玻璃窗格的窗户,这种漫游式的建筑规划所设计出的建筑才是美丽的建筑。当建筑中的线条如此优美、迷人的时候,建筑师却努力寻找建筑的对称性,一些非专业人士对此十分不解。这是因为他们不了解建筑师追求对称性的背后有两个重要的因素:内部效果和直接切入性。

　　当然,建筑师所考虑的这两个因素在正式的公共场所建筑中更为重要。房子的内部效果,在很大程度上取决于房子的家具和装饰。任何过于强烈的建筑效果在这里都是不相称的。而对于相对较少的人使用的那些房子来说,它们的直接切入性也是不太重要的。因此,如果没有做出明显的改动来产生生动而突出的效果,那么这所房子可能是不对称的。这所优美的房子,在建筑理论和实践上都是成功的。它漫游式的线条,看起来就像从它独立的部分和其位置上的实际需求中,非常自然地成长起来的一样。相反,如果一所房子被强迫变成这种优美的建筑,那么这所房子看起来就会很糟糕。房间的大小和形状都很不自然,而且使用古怪和弯曲的方式相互联系以达到这种优美的建筑效果所做出的牺牲太大了,也是很不值当的。这里有个例子,一座古老的英国大庄园,建造于四到五个不同的历史时期,庄园的主人也换了好几任。因为每位庄园主人的喜好都不同,这个大庄园也在不断地被改造。因此,这座大庄园存在一些扭曲的、不相称的建筑部分。因为各个时期的使用需求和施工方法会发生许多变化,这种漫游式建筑规划的房屋也随之迅速地发展起来。它具有一种引人注目的、端庄大气的魅力,强烈地表达出一种悠久的历史感。但是,这里还有一个例子,美国一所新房子里所有的组成构件都建造于同一个时期,并且是由一名建筑师按照唯一的房屋主人的要求来建造的。在这样的情况下,我们就不能原谅这种扭曲而不相称的

建筑结构了。当人们过于寻找这种年代感和优雅自然的、如画般的建筑
氛围和风格时,必然会产生某种"做作"的特性,缺乏某种现实感的东西。
这种非正式的如画般的建筑风格,只有在建筑师遇到难解的建筑结构问
题时,效果才是最好的。但这样的风格不是建筑师必须寻求的最终
目标。

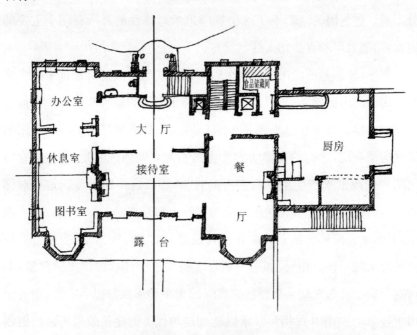

图 7-1 美国康涅狄格州纽黑文市一所房屋的布局

即使在构筑非正式的房屋规划时,建筑师也绝不能忘记他的建筑主
轴。尤其在一个或两个房间相互开放、彼此相通的建筑里,建筑主轴更
是特别重要。这里有一个例子,纽黑文市(美国康涅狄格州南部港市)的
一所房屋,其主要部分的规划图如上图所示。这所房屋里有图书室、接
待室、办公室、休息室、厨房、露台、餐厅和楼梯厅。它主要用来接待大量
的民众客人,所以它的接待大厅必须很大,需要把一楼的大部分其他功
能厅都连在一起来增加空间,提高宽敞度。而且图书室需要保证私密

性,应该像家里的起居室那样布局。如此一来,建筑规划中所遇到的问题就迎刃而解了。当客人进入大门,在楼梯平台上再迈出三步,他的面前立即出现了宽阔的拱门。这些拱门指引人们进入接待大厅,接待大厅与大门和带有墙裙的主厅一样,分布在这座建筑的纵向主轴线上,并且被对称地放在这二者之间的中间位置。通过三扇巨大的窗户,接待大厅通往一个砖砌的露台,这样就出现了一个有趣的景观——拱门、接待大厅、窗户、露台被有序地排列在这条纵向主轴线上。接待大厅是一个很大而且相当正规的空间,以它为中心,左端有一个壁炉,右端有一个宽敞的门廊,可以通向餐厅。餐厅的壁炉正对着这个门廊,并且与接待大厅的壁炉相对。当餐厅和接待大厅被合并为一个整体来看的时候,一个横向的主轴线就立刻显现出来了,而这两个房间就分布在这条横向主轴线上,壁炉作为每个房间建筑里最有趣的特征部分,出现在这条横向主轴线的两个末端。这样,两个房间被自然地结合在一起,同时会产生一种宽敞而宁静的庄严感。现在,这个横向主轴线与大门的纵向主轴线的相交点,正好是接待大厅的中心位置。站在这个接待大厅接近中心的任何位置上,人们都可以看到四种不同的有趣视图。这个视图是经过建筑师精心规划和设计的:一面是餐厅的壁炉、一面是接待大厅的壁炉、一面是大门和楼梯、一面是砖砌露台和花园。这样的奇妙效果在完全不对称的建筑规划中是绝对不可能实现的。因为,如果保持建筑中各部分自身的独立关系,不加以相互协调和对称,那么每个部分的美感都会受到影响,反之亦然。

如果这些建筑轴心在简单的房屋规划中如此重要,那么在公共场所的建筑中,它们的重要性就更不必说了。在那些大型的公共建筑中,气势宏伟的深刻印象是它们需要达到的一个重要效果。这也是美国早期建筑的主要缺点之一。这个重要的建筑规划问题被人们忽视了。建筑大楼一座接着一座不断地涌现。这些建筑虽然美丽,但是没有连贯而清晰的建筑规划、没有明显的建筑轴心、没有令人印象深刻的室内布景。位于马萨诸塞州斯普林菲尔德市的法院大楼，就是这样的一个例子。优美的建筑外观配有塔楼和山墙，已经成为一种主流的建筑理念。它的建筑规划杂乱无章，房间散布于各处。像法院、市政厅以及邮局等大量建筑，其外观设计已经完全决定了其内部的布局，也完全失去了建筑的实用性和室内建筑效果。其入口简陋而难看，走廊狭窄而黑暗，楼梯又被放置在错误、不相称的地方。

只有在过去的 30 年里，人们才开始学习如何进行建筑规划。现在，我们的建筑已经在过去的日子里发生了变化。让我们先来看看密苏里州议会大厦的入口和圆形大厅的实际建筑效果，然后再看一看这个建筑的规划图，最后对二者进行一下对比。在这个建筑里，人们会对内部效果的印象非常深刻，其建筑规划非常完美，非常符合议会建筑的要求以及和应有的庄严感。

图 7—2 密苏里州议会大厦的楼梯

走廊被设计成完整的对称性，图中的主轴使建筑内部效果更加完美

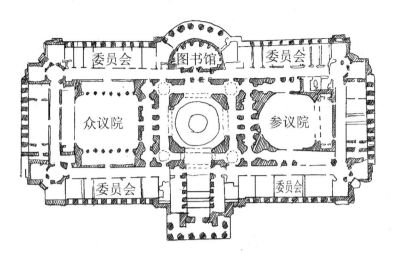

委员会　　图书馆　　委员会

众议院　　　　　　　参议院

委员会　　　　　　委员会

图 7-3　密苏里州议会大厦的建筑规划图

　　将密苏里州议会大厦的实际效果图与其建筑规划图进行比较,注意
其楼梯、圆形大厅和图书馆是如何进行整体规划的,使其能产生一种沉
稳有序而又令人印象深刻的视图。

　　让我们想象一下:建筑师正在规划一座建筑,他把上述所有的原则
都体现在他的建筑规划图中。他确定好哪些是最重要的房间,并把它们
放在最重要的位置上。也就是说,他已经决定好了建筑主轴。那么,现
在他必须详细地研究这个建筑规划的细节部分,以便建筑的每一部分构
件都能以最好和最简单的方式发挥它应有的作用。为了做到这一点,他
必须能够快速反应出每一个最细小部分的实际用途,并且必须要知道这
个实际用途如何才能影响到他的整个建筑规划,以及这些建筑构件需要
什么样的安排和布局。这也是一个关于建筑中各个组成构件之间相互
关系的问题。这些内容仅仅是建筑师完成初步分析后,采取的进一步应
用于建筑的方法,是对于建筑中的每一个独立部分而言的。

　　建筑师通常会从最重要的房间,也就是公共房间,开始策划和分析。
这里面都有一定的、明确的要求,建筑师需要谨记这些要求。第一个是

第
七
章

建
筑
规
划

145

安全要求。公共场所的建筑,它的安全性比其建造的强度更重要。安全性意味着要保护好每一个人的安全。在出现火灾或者恐慌事件等紧急情况下,这座建筑必须具备多种逃生通道。其中会涉及许多方面的问题,比如供暖系统、通风系统、排列布局等。第二个要求是便利性、实用性。比如,在大演讲厅或者大剧院里,这类建筑一定要做到便利性和实用性。每一个人都要看到中央的讲台或者舞台,能够清晰地听到声音。再比如公共办公大厅,人们可以很容易地找到大厅,然后办理他们的业务,还可以快速地离开。图书馆这类建筑需要这样的一种结构关系,每个人都可以进入,找到所需的书籍进行阅读,并且可以快速地离开。但是,人们需要在图书管理员的管理和引导下,进行上述活动,这样就防止了盗窃行为的发生。以此类推,对于每一种公共场所的建筑而言,建筑师都必须设想好每一个建筑构件的用途,并合理地安排布局。

在公共场所的建筑设计中,会出现以下一些问题,而这些问题可能会影响到建筑的规划细节。

第一,有多少人会使用这座建筑?

这个问题的答案确定后,建筑师就可以确定这座建筑出入口的数量和大小,以及需要多少走廊空间来满足人们的需求。

第二,人们一次会使用多长时间?

这一点决定着必要的通风量问题,同时它也决定着公共卫生间是否应该布置在附近。如果需要的话,会需要多少个。

第三,这座建筑最终的明确用途是什么?

这一点决定着这座建筑是应当有一个倾斜或者水平的地面,还是需要建设一个舞台。如果需要舞台,需要何种样式和大小,这些可能会影响整座建筑的声音效果。声学这门学科本身就非常复杂。在这里,我们就不过多提及和讨论了。总之,一个房间的形状和大小通常可以对房间的声音效果起到调节作用。如果建筑物已经确定是公共的办公大厅,那么基于这个用途,建筑师就可以决定建筑构件之间的确切关系。比如,公共建筑部分和私人建筑部分的面积、门的数量,有时还可以决定照明的强度和方向。

上面这几个问题向人们清晰地展示了建筑规划和实际需求之间的密切关系。同时,人们也明白了建筑师是如何被建筑的实际需求所指导和影响的,以及如何安排好这些因素。这对于一座优秀建筑来说,会产生直接的影响。当建筑师解决了建筑中公共建筑部分的使用问题时,他们就要转向下一个重要的问题,即走廊、大厅以及建筑构件的问题。在公共房间的设计过程中,建筑师会遇到许多特殊用途导致的复杂问题。他们在做建筑规划时,往往会受到诸多限制和束缚。但是,在这里所讨论的问题中,他们受到的限制和束缚要少得多。然而,即使是在走廊的设计中,他们也必须保证建筑的安全性和便利性始终占主导地位。走廊设计通常要尽可能地笔直、宽大,通风良好而且明亮。如果房间很多,但走廊狭窄而封闭,白天只能通过电灯照亮。这样既没有节省成本,又没有达到合理的布局,这便是一个不可原谅的设计缺陷。为了从远处就能轻易地看到走廊,达到其意想不到的突出效果,有时走廊会带有台阶。但是,这样的设计可能会很危险。在恐慌或者紧急情况下,可能会造成人员伤亡。所以,即使在走廊这样的简单设计中,建筑师也必须保持头脑清醒,并作出合理地布局。

依据建筑规划,我们仔细考虑了走廊、圆形大厅等建筑构件,对一座建筑所带来的深刻印象和宏伟感觉的重要性。同理,楼梯也是非常重要的建筑构件,它们的实际用途是不言而喻的。其有相应的具体使用要求,这些要求就是要具有直接性和简洁性。楼梯的坡度和台阶,一定要方便人们上下,走在上面必须要感到舒适而自然,而且要有光线。每个人都应该有过这样的体验,走在黑暗的楼梯上,会有一种不安全的感觉,而楼梯应该让人们很容易到达它所连接的地面。楼梯的美学重要性似乎在建筑中不那么明显。但是,根据人们的经验和审美的要求,它的重要性很快就被显现出来。即使是最冷漠的观察者,一座美丽而精心设计的楼梯也会在不知不觉中给他留下深刻的印象。这样的楼梯会给人们一种被邀请感,它好像在召唤人们观看上面各种各样、有趣的特征。它充满了探索者的热情和对未知事物的一种本能的热爱。而且,楼梯的栏杆或者扶手,在倾斜度与水平线条的关系上,具有一种内在的优雅美。这种可爱的、弯曲的楼梯有一种令人愉悦的魅力。法国人就特别擅长使用这种楼梯。相反,如果楼梯的设计是拙劣的,它们被挤在一个黑暗的角落里,那么人们一定会感到厌恶而不愿意去接近它。

在人们所居住的房屋里,即使是设计得最简单的楼梯,也很有魅力。我们的先辈在殖民地时期设计的那种简单径直的楼梯就是一个很有说服力的见证。它是由雕刻线条的拐弯角柱和弯曲的栏杆小柱设计而成的。沿着它向上爬,人们可以到达一个宽阔的楼梯平台,这个楼梯平台被接近屋顶处的宽大、漂亮的窗户所照亮。这样的楼梯给人们的印象,就好像是在楼上的地板上,有一间漂亮的大房间。它给人们表达的不仅仅是庄严和朴素。在那个时期,这种楼梯相当普遍和通用。在公共建筑里,重要的房间往往被安排在第二层。甚至有时第二层建筑才是整座建筑中最主要的一层,即建筑的主要层。这时,楼梯具有更重要的意义。例如,巴黎歌剧院的大楼梯厅。它具有巨大、宏伟的楼梯层,简单、舒适的阶梯,弯曲呈弧线形的栏杆扶手。虽然,楼梯装饰过于奢华和炫耀,但是威严和雄伟的效果立刻显现在人们的面前,给观众带来不可磨灭的印象。而美国的剧院建筑,则严重缺失这一点。廉价的观众席位随着冗长的楼梯向上排列,一点儿吸引力都没有。在巴黎歌剧院里,存在着一种更真实的民主作风。最顶层的画廊,在宏伟的楼梯上自由开放。所有的观众都被认为是非常热爱美的民众。再如波士顿公共图书馆,在两个石狮子守护神之间,引出庄严、宏伟的宽阔阶梯。然后,阶梯再被分成两组对称的台阶。这两组台阶沿着彩绘墙壁,延伸到上面的大理石拱廊。这段楼梯,不仅方便实用,而且是这座建筑物中最美丽的建筑特征之一。楼梯正确的规划和实用的布局,是建筑既满足人们必要的需求,同时又将它们转换成美丽和令人愉悦的事物的最好例证之一。

图7-4　巴黎歌剧院(宏伟的楼梯)

另外,还有两类房间需要我们仔细考虑和分析,那就是私人房间和服务设施房间。在这些建筑中,建筑师所要解决的问题要比在公共建筑中,以及流通、循环方式上都相对简单一些。但是,优秀的建筑师在他们的设计中,对于重要的房间,其使用的想象力会更丰富一些,在判断力上也要更谨慎一些。人们会看到,私人房间对于其主人来说可以轻易进入,并且可以满足房间主人所有的要求。他们的隐私空间被设计得很好,每一处设计都遵循着其隐秘的意图,并且与它的背景环境,包括与大厅的部分都保持着恰当的关系。建筑师要考虑的问题相当细微,即使是最简陋的房间也需要细心地规划。他必须正确地安排和布置这些服务设施,使它们有效地服务于整个建筑的使用要求。建筑师的思维一定要全面，他必须要以厨师、服务员、锅炉看护人、挑煤工的角度来思考问题。如果可能的话，建筑师最好设计一个单独的、隐藏的服务间出入口，这样一来，所要使用的物品可以快速、直接地被送达，而且不会影响到建筑主体更重要的使用功能，也不会打扰到人们的正常生活，更不会有一种过度炫耀的感觉。如果建筑师能做到这一点，并且使他这种前瞻性、人性化、具有丰富想象力的规划被大众所接受，那么他不仅建造出了一座漂亮的建筑，还给人们提供了一种更高效、更便利的生活。

对于任何一座建筑物来说，一个成功的建筑规划必须能够以最好的方式、最合理的布局，来满足建筑中各个部分所要求的所有条件。这个建筑规划不仅要做到切实可行，而且还要易于操作和运转，所建造的建筑也必须是坚固而强大的。要想满足这些要求，建筑师需要进行大量的研究和分析。建筑师必须要确保建筑物的所有支撑构件都足够坚固，确保留出的空间足够宽敞，以便能简单又容易地铺设地板或者上面的屋顶。他必须保证烟囱可以直接运行，而且各种管道能够很容易、很方便地被安装在建筑中。

随着人们越来越多地使用钢材，建筑规划的施工要素也变得不一样了。既可以说是简化了，也可以说是复杂了。因为，尽管使用钢梁可以大跨度地搬运重物，但是人们在使用钢材的过程中需要进行大量的计算和研究。所以，钢结构建筑的发展变得越来越复杂，最终形成了自己的学科，拥有自身领域的专家团队。随后，大多数大型钢结构建筑往往都是由这些结构工程师来设计。钢材的使用，让拥有高层建筑成为可能。这种钢结构建造的建筑具有防火功能，而且造价相比许多世纪以前要便宜得多。这种材质为建筑师的建筑设计带来更大的发挥空间。它不像木质结构和砖石结构那样存在着许多限制因素，它帮助建筑师实现了建筑的轻盈感，以及其追求飙升的建筑高度的梦想。而这些，在过去来说是建筑师从来都不敢想的。慢慢地，我们的城市逐渐有了各式各样的高层建筑,这不禁让人们想起了童话故事里才有的画面。

然而,钢材也有建筑学上的缺陷。钢结构的现代建筑形式,导致大量矩形结构的出现。在建筑师进行建筑规划时,这种结构十分单调且无趣。而且,钢结构自成一体的力量感也是一个缺点。因为在过去的伟大建筑中,罗马和中世纪的建筑师们的乐趣之一就是通过改变结构材料固有的、坚固的造型,向人们展现更加美丽的事物。罗马的拱顶、法国哥特式的扶壁,以及英国大厅的露木桁架,这些建筑都是很好的实例。建筑师们把复杂的、必要的建筑结构,变成经久不衰的一种美。然而,钢结构的实质作用,其实仅仅是架在建筑两端两根圆柱上的横梁。它没有任何的侧向推力,也不需要扶壁、支墩。它是一种笔直的、简单的、结实的建筑结构,带来的建筑效果也是笔直的、简单的、结实的。它本身并不是一种有趣的形式,它既没有拱顶弯曲的优雅感,也没有古老的木质桁架的复杂性,有的只是谦逊、坚强和朴素。

当然,在有些情况下,钢材也被进行了很好的装饰处理。人们强行将这些材料转换成其他形式,改变了它们最初的形态,有些已经被记录下来。但是,这样的做法使人们付出巨大的经济代价。在绝大多数情况下,钢结构建筑只是一种结构简单的建筑梁和建筑柱。它的作用是使建筑物成为不可改变的直角形态。然而,建筑师们仍然希望,他们能够在未来把这种不可改变的矩形结构,转变成一种新的自然的美。

实际上,钢材运用在更细微的建筑结构中,往往会导致某种轻微的不真诚感。现在许多乡村的房子里,建造在地板上面的壁炉与其下面的结构完全没有关系,便捷的钢梁几乎可以在半空中摇摆。有时,烟囱完全是伪造的。烟囱支撑在钢梁上,只是为了使建筑整体看起来能有一种平衡感。这不能被称作是一个好的建筑架构,因为它只是一个呆板的机械技巧。一个优秀的建筑规划从来都不用这些伎俩,而是会用一种简单明了且没有任何"伪造"建筑的建筑规划。

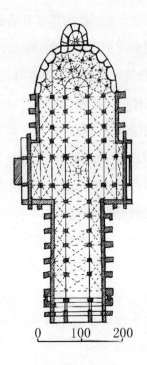

图 7-5 法国亚眠大教堂的建筑规划图

一个既经济又有效的建筑规划图

　　良好的建筑规划往往会自然地表达出其建筑结构。无论是小房子还是大房子,无论是大教堂还是市政厅,或者是议会大厦,建筑规划至少应该展现出其建造方式的本质。厚重的墙壁应该贯穿建筑中承重的地方。如果可能的话,建筑规划中的主要部分,都应该遵循这些主要的结构线条。拱门应该用护壁加以足够的支撑,那么,这个建筑规划图中应该显示出这些护壁的支撑点。让我们看一下法国亚眠大教堂的建筑规划图,看一下这座建筑两边坚固的交叉扶壁是如何被放置的。它们的长轴线平行于拱顶的交叉推力,可以起到支撑作用。再看看教堂后殿周围那巨大的主扶壁是如何被用来划分小礼拜堂,以及如何通过更重的支柱,来强调教堂中殿和教堂翼部的交叉甬道的,这些支柱是承载上面巨大的方形拱顶的必要建筑构件。这是一个完美的建筑规划，每个部分都起到它应有的作用，而且是尽可能全方位地发挥其作用。

这是一个非常理想的建筑规划，每个建筑规划都应该努力效仿这种样式。每一个重要的建筑特征，都一定有建筑构造上的原因；每一个建筑构造上的特征背后，都一定有实际的原因。如果外部墙体的整体性被打破，那么表明内部功能发生了变化。重要的结构墙体一定会相应地隔开重要的房间，这是一种理想的状态。但是，它是不可能绝对实现的，尤其是在小型的房子里。在这样的房子里，虽然它的需求非常复杂，但施工却相当简单。在建筑师的头脑中，无论是有意识的，还是无意识的，这种理想状态都是他们的最终愿望。这种愿望也是自古以来建筑形式发展的巨大动力。

建筑规划还有第三个需求需要实现。首先，是对建筑实用性问题的科学解决办法；其次，是满足建筑在构造上的简洁性和力量性的要求；最后，就是实现美学的愿望。事实上，建筑规划就像建筑艺术的其他分支一样，它的美学问题与建筑师面对的所有其他相关问题息息相关。人们不能完全割裂地来看待这个问题，因此在人们考虑建筑规划的实际使用方面时，必然也要考虑到其结构上的问题，同时也必然要从美学的角度考虑建筑元素。所以，人们没有必要重新花费很长的时间，来考虑这个问题。

然而，有一点大家一定要知道，这就是建筑师的规划方案完全决定着建筑外观的总体特性，以及建筑的内部效果。反过来说也是如此。如果建筑师根据客户的要求，或者建筑本身的要求，也许是毗邻建筑物、所处的地理位置、建筑传统等其他的原因，决定用一种特定的外观或者室内设计风格，那么所选择的这种建筑风格，必然会对建筑规划产生巨大的影响。外行人经常忘记这一点。他们会认为建筑的墙壁和屋顶仅仅是一个建筑外壳，而室内布置则是一个独立的、无关紧要的内核。他们可能希望建筑在外观上有一个简单的、殖民地时期的房屋样式,而内部却有复杂的房间布局。但是,复杂的房屋布局与殖民地时期的简单、朴素的建筑风格截然相反。当他们看到建筑师很努力地在满足这两种需求,但是结果却完全无法满足时,他们会感到十分惊奇。如果每一个受过教育的人,都能够真正意识到建筑规划和外观设计绝对的相互依赖性,那么就会有一种既合理又健全的传统发展起来,即对建筑既合理又健全的批评。这比其他任何事物都更能提高我们对建筑的鉴赏水平。

这种建筑规划和室内设计之间的相互依赖性也同样重要,甚至是更重要的。因为这二者的相互依赖性不仅使室内布景更强烈,而且还营造出建筑的内部效果。这一点已经被详细地提到过,但是它不能经常或者过于强烈地表现主题。美国有大量这样的房屋,即内部设计效果低劣、粗俗,华而不实。究其原因,正是因为设计师试图营造的效果与他的建筑规划相矛盾、相背离。这使他们精心设计的门通向了狭窄、拥挤的大厅,或者把微型圆柱和完整的檐口设计在非常狭窄的房间里。最重要的是,他认为这样做能表现出庄严、宏伟的效果。

在未能证实建筑效果的情况下,优秀的建筑师不会试图强制执行他的建筑规划。如果建筑师的客户是明智的,也不会让他这样做。建筑师总是牢记着他希望营造的建筑内部效果。无论是宏伟的建筑,还是普通的建筑,他们都会使建筑规划随着心中所希望的那样,清晰地出现在他们的面前。他会确保这种建筑效果符合房间的要求。他们不会让我们的起居室像 18 世纪宫殿里的国家接待室那样,也不会让餐厅看起来冰冷而严肃,不会让教堂像谷仓,也不会让大型的公共大厅失去庄严感。他们在规划建筑的内部效果时,一定会使建筑的内部效果完全与建筑内部的使用情况、建筑的总体规划和外观保持一致。

谈论到现在,建筑规划这门学科具有巨大的复杂性,这一点应该是显而易见的了。它就像我们的代数学不能解决的一些数学问题一样。

因为存在太多的变量,只有微积分学才能解决所出现的这些问题。就建筑规划来说,其变量有四种:实用性(可行性)、构造上的需求、外部效果和内部效果。这四个变量应该同时出现在建筑师的头脑中,因为建筑规划中的每一个最小的细节,都必须从这四个方面同时进行考虑。优秀的建筑师会采用这种四重的思维方法来进行建筑规划。

说明建筑规划的一些原则,最好是从建筑师规划一座建筑开始。在建筑规划中,考虑一些分类、排序等简单的实际问题并解决它,这是最容易做到的。

让我们来解决这个问题。想象一个非常富有的人有一个很大的图书馆和许多艺术收藏品,他希望有足够多的房间,可以使人们在一定的时间段进入参观。他以下面的方案表述了他的具体要求。

所期望的房间要求如下:

大型画廊室,摆放绘画和雕塑艺术品,大约长 24 米,宽 9 米,可以带有楼层的画廊。

图书馆,大约长 6 米,宽 9 米。

楼上房间,设有办公室、维修间和装订室等。

私人出入口门厅,供房主自己使用。

公共出入口和前厅。

所期望的房间建筑风格要求如下:

没有对建筑风格绝对的要求,但是建筑要优雅、坚固,强调庄严、宏伟。

所期望的房间地点如下:

住所附近的一块平地,在一条主要街道上。

上面的这个方案和要求,就是我们开始规划建筑的基础。有几点是十分明确的,这将有助于我们解决这个问题。首先,这座建筑要强调的是庄严和宏伟的概念。这暗示着可以采用某种正式的和对称的装饰处理方式。这样,我们就不能把房间排在一条线上,如下面的图 7-6 中的 a 所示。

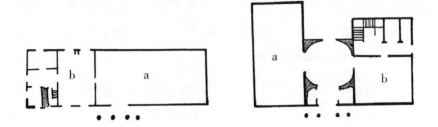

图 7-6　两种方案

这两种方案都是有问题的,因为在重要的房间和非重要的房间之间,出现了错误的平衡

　　a 艺术画廊

　　b 图书馆

在上图的任何一种布局中,它的主出入口的位置,都出现在画廊的一个非常尴尬的地方。而且,建筑外观也没有表达出建筑的内部效果。同样糟糕的是,为了使图书馆部分和艺术画廊部分达到平衡,这里的布局是把二者放置在前厅的两边,如图 7-6 中左图所示。在这个解决方案中,建筑前面确实是平衡的,但是整体建筑是一个奇怪的形状,建造起来会很困难,而且建造成本也会很高。同时,这个建筑的解决方案太突出角落的地方,而这座建筑不是在一个角落里。

　　让我们按照在这一章前半部分中提到的一些标题,分析下面的问题。

　　公共房间——艺术画廊、门厅,可能还包括图书馆。

　　私人房间——一般来说,包括图书馆、维修间和装订室。

　　走廊——通向上层的楼梯。

服务设施房间——采暖间、储藏间等。

然后,让我们再做一个关于房间重要性的分析。艺术画廊无疑是公众和私人使用的、最重要的房间,其次是图书馆,其他房间都不太重要。现在,最重要的位置是建筑主轴上的位置,即在主出入口的对面。由此,我们设计出图7-7中的解决方案a。

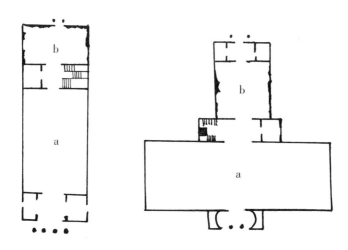

图7-7 两种解决方案

左图是一种合乎逻辑的安排和布局,但是与重要街道上建筑物的位置不相称。右图是一个更好的解决方案,但是建筑后部的安排和布局,仍然不是完全正确的

a 艺术画廊

b 图书馆

但是,这也不是令人十分满意的方案。因为,图7-7的左图中建筑的正面窄小而无趣,而且面朝街道感觉很不舒服。而右图中长长的建筑正面向两侧延伸,远离了公众。而且,这座建筑的长条形状令人很不舒服。那么,接下来让我们尝试一个与上面的方案类似的方案。

这个建筑规划看起来似乎完全解决了所出现的问题。它是庄严而坚固的，其艺术画廊拥有最重要的位置，与图书馆的关系也最为重要。图书馆和艺术画廊都在主入口处附近，人们很容易能够接近。紧挨着图书馆有一个私人入口。这个建筑规划只存在一个不利条件。艺术画廊被一分为二，一些重要的墙体在后面消失，接着就看到了图书馆。这一点可以通过稍稍增加建筑物的长度来弥补。如果艺术画廊以这种方式来划分，那么它就产生一些变化，避免了上面的效果。而且图书馆不会有大量的人来回进出，所以不会打扰到那些正在画廊看画的人。由此，这个问题就被解决了。那么，现在我们可以确定这个建筑规划总的来说是正确的。接下来，我们就可以更详细地讨论这个建筑规划的具体细节。

艺术画廊：画廊最重要的是没有被破坏的墙壁空间。因此，有必要将房间内所有的建筑特征降至最低。并且要将窗户抹掉，由天窗代替。

图书馆：图书馆要安逸、舒适、庄严。放置书籍的墙壁空间是主要要件。但是，我们在图书馆里使用天窗会伤害人的眼睛。因此，我们必须为图书馆提供直接的窗口照明，壁炉也是可取的。

前厅：不需要太大，因为不会有很多人聚集在这里。然而，它应该是庄严的。如果可能的话，这里可以加建一个小型的衣帽间。

图书馆和艺术画廊之间的连接：使图书馆靠近艺术画廊的建筑布局过于粗鲁和唐突。设计一个大厅可能会更好，这样可以产生一种更柔和、更优雅的连接方式。人们在参观画廊时，可能会感到疲倦，在这里，人们可以放心地休息一下。这座建筑的主人有可能希望把楼上的画廊，放在这个大厅之上。这样的布局将会出现一个非常吸引人的建筑特征，正好可以削弱画廊光秃秃的感觉。

服务设施：楼梯，或者是一个小型电梯（升降机），需要连接到维修间和装订室。维修间和装订室，我们将会把它们安置在图书馆上方。盥洗室和衣帽间设置在与图书馆相邻的地方。其余的服务设施，比如供暖间和储存室可以设在地下室。这样我们就没什么可担心的了。

综上所述,我们有了以下的最终解决方案。

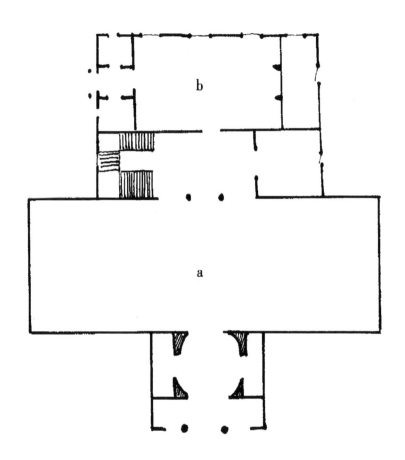

图 7—8　**最终解决方案**

宽敞的大厅空间,艺术画廊和图书馆之间的门厅,利用了能够具有很强吸引力的装饰处理,而且整体的紧密性,为一层的储存室、盥洗室、维修间等提供了很大的空间。

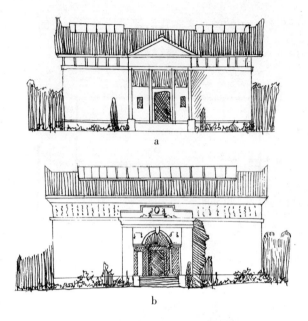

a

b

图7—9 两种方案的改进图(b图最突出)

这个建筑规划使这座建筑的外部效果和内部效果展现出来。内部效果是一个复杂的问题,所以我们就谈论到这里。让读者尽可能地按照他们喜欢的方式去发挥想象:想象这些各式各样的房间;想象它们各种可能的内部结构;想象对这座建筑正面的各种不同的处理方法。

外部处理:我们所选择的建筑规划,明显限制了我们对两面简单的空白墙的装饰处理。这座建筑正面墙的中心有一个巨大的入口,作为主题,我们只能局限于一种简单的形状组合。此外,由于艺术画廊是带天窗的,它可以很好地采用自然光照明,图中还有一个事实,那就是它的后面还有一个长长的房间。基于这个原因,我们可能更喜欢图7—9中b的处理方法。图7—9中的b包含一个有入口和前厅的大型艺术画廊;图a可能是两个房间,中间有一条走廊。

建筑设计在这一点上成为个人欣赏品味和偏好的问题。但是,建筑规划一直是控制这座建筑的建筑架构的要素。同样,在室内布景里,尽管有无数可能的处理方法,但是所设计的方案数量仍然被建筑规划所限制。

在对一个简单建筑规划问题的分析中,我们没有考虑到许多其他的因素。这些因素可能也以别样的方式影响着建筑规划,例如,成本、定位、材料等。这些因素被故意省略,为的是让问题可以保持简单性,以及易于掌握。在规划一座简单的建筑时,希望这些简单的介绍能够给读者提供一些关于建筑师真实工作内容的概念,一些关于建筑师所必须要考虑和决定的内容概念,以及一些关于建筑师职业魅力的概念。

建筑规划绝不是乏味、抽象、深奥的事情。建筑规划通常被人们认为不重要,只是为了方便人们进行建筑而已。而实际情况正相反,建筑规划是所有优秀建筑的基础。因为建筑规划决定了建筑外部和内部的特点。良好的建筑规划与良好的建筑设计是一样的,它使得世界上那些伟大的建筑不仅是达到建筑的目的,而且也给人们带来了视觉享受。通过建筑规划,建筑艺术才能成为所有艺术中最伟大、最广泛、最实用的艺术。

第八章
建筑风格的意蕴

　　建筑艺术涉及的问题是纷繁复杂的。在第一章中，我们简单地提到过这样一个问题——建筑风格。在这里，我们需要对建筑风格进行更深入的探讨。建筑艺术被认为是一种集形式、美学和实用性于一体的学科。建筑不仅仅是一种形式的存在，它的形式只是建筑艺术的魅力之一。建筑艺术让我们惊讶于人类非凡智慧的同时，还给了人们一种精神上的愉悦享受，同时还赋予人们一种美学特质。在建筑使用形式的背后，以及它所采用的解决人们艺术需求的建筑规划的背后，还存在着一种与整个人类历史紧密相连的意蕴。这种意蕴就是我们现在所要讨论的内容。

　　当人们能够真正正确地欣赏和理解这种意蕴的时候就会明白，建筑艺术对于人类历史发展的过程而言，是一个至关重要的因素。建造者的每一种品质，都真实地反映在他们的建筑作品中，正如作家的每一种品质都体现在他们的诗、戏剧或者小说中一样。事实上，建筑艺术往往具有比文学艺术更持续性的表现力。建筑师的建筑作品一般至少包含两种人物的个性特点，即建筑物的主人和建筑师。但是，它具备的是更多性质的特点。它可能会是一种集体人格特点的表达，比如一个协会、一个国家或者一个宗教团体的特点表达。

正如上一章里所讲的，整个建筑艺术完全依赖于建筑规划，而建筑规划反过来实际也依赖于人们对艺术的实际需求。因此，建筑艺术在任何一个历史时期，都是在两种主要观念之下产生出来的结果，即人们的需求观念，以及当时盛行的美学观念。这两种观念被一种共同的愿望和目的结合在一起——人们希望创造一种美丽的建筑，能够使这两种观念相互依存。

因此，人们可以很清楚地看到，建筑艺术是人们日常生活最完整的表达方式之一。诗歌、音乐和神学是带给人们一种美学理念和美德理念的时代表达；政治和经济的历史发展为人们提供了生存的实际条件。只有建筑艺术以其自身的特性自然地表达出人类存在的伟大一面，同时还反映出人类的财富和梦想。

大多数人都会不自觉地欣赏建筑。当还是童年的时候，人们就对中世纪的城堡和炮塔，以及那时的士兵和骑士感兴趣。后来，人们又开始关注大教堂和纪念碑，因为在当时这类建筑比其他种类的建筑要多。13世纪的建筑风格彻底繁荣和发展起来，哥特式大教堂之所以迷人，就是因为它的建筑风格体现了它所处时代的建筑风格。这种建筑风格是那个遥远时代的人们生活的直接写照。

建筑风格只是建筑的一种表现手法，用以区分其他不同的建筑。它不仅包括建筑的装饰，还包括建造的方法，以及建筑的规划。因此，建筑风格被"风格"这个词汇的单纯意义限制了。在这个意义之下，人们认为建筑风格的意义只是为了方便人们区分各种建筑物。人们可以先根据时期和国家，对建筑物进行初步划分；再根据这些时期和国家发起的建筑形式来划分建筑物。这样，人们说起"庄严雄伟"风格的建筑时，就意味着建筑是以其宏大的方式来进行构思和装饰的。人们同样也可以说成是罗马风格，或者哥特式风格。意思就是罗马建筑风格、哥特式建筑风格、或者现代建筑风格，它们使用的都是类似的建筑形式。

当人们试图将"风格"应用于现代建筑时，这个词的用法令人非常费解和迷惑。按照之前我们所说的，当前正在建造的这些建筑物，它们应该以现代建筑风格表现人们的生活和需求。然而，我们大多数的现代建筑风格，都是建立在历史建筑风格的基础上的。比如古希腊式、罗马式、哥特式，或者文艺复兴时期的建筑风格。但是，这些建筑风格所体现的人们的生活状态与今天的情况是截然不同的。这看起来似乎是一个明显的矛盾。如果这个矛盾确实存在，那就会危及整个论点的正确性，即艺术是一种完整的生命表达。

许多人认为这种矛盾是真实的。因此，他们声称："我们的现代建筑风格是错误的、不真实的。它们没有表达出我们现代的真实生活。"他们认为传统是现代美国建筑艺术的巨大障碍，希望看到美国建筑师不惜一切代价去追求独创性。他们对美国建筑艺术有一个愿望——他们希望全新的美国建筑艺术能够突然降临，并且快速成长起来，超越美国人的国民生活。

起初他们的主张看起来似乎是合理的，并且其建立在良好的基础上。在任何艺术中，真诚都是一种美德和优点。如果我们想要建造一种钢框架的酒店或办公大楼，这与罗马人建造一座宏伟的庙宇的建筑风格，或者法国人建造一座大教堂和城堡的建筑风格不同，我们需要一种其他的建筑风格。但是在这里，我们必须要小心翼翼地进行思考，当我们使用这些建筑风格的时候，我们必须绝对准确地把握"风格"一词的确切含义。关于这个问题任何争论的判断，将取决于我们对这个词的准确定义。我们必须确保，当我们使用"美国风格"这个词汇的时候，应该和我们使用，"希腊风格""罗马风格"或"哥特式风格"是完全相同的感觉。

人们在这一点上产生歧视和偏见是不对的，因为这样的歧视和偏见存在着一种谬论。那些主张独创性，并指责我们的建筑师过于屈从传统的人们，他们的观点是站不住脚的。因为当他们谈到"美国风格"时，他们的意思很简单，美国的建筑方法很漂亮。他们指的是我们的文明所要求和产生出的漂亮建筑物，是用美国的建筑方法建造的。这里的"美国风格"指的是整个美国的建筑构图方法，包括建筑规划，以及建筑外部效果和内部效果。但当这些评论家谈到希腊风格或者罗马风格时，他们指的是同样的内容吗？当他们说美国的建筑不好和虚假的时候，是因为他们认为这样的风格对于美国人民及其需求来说是陌生的。他们的意思是，美国的建筑是由外国风格的建筑形式和细节所装饰的。换句话说，当他们谈到"美国风格"时，他们是在以一种宽泛的含义在谈论。当他们谈到罗马式、哥特式，或者文艺复兴时期的这些建筑风格应用于现代作品时，他们指的仅仅是建筑具有的建筑细节的形式。事实上，美国的建筑可能是"美国风格"的完美典范，只不过它是以一种历史风格来建造的，这并没有内在的矛盾。因为"风格"这个词被用在两种不同的情况中：第一种情况，指的是建筑构成和结构的普遍事实；另一种情况，是指一种被接受的基础建筑形式。

参观任何一座大城市的建筑都能立即证明这一点。让人们任意选择两幢办公大楼或者公寓建筑，它们每一个都具有不同的历史建筑"风格"。两座建筑的所有细节都是不同的。其中一座建筑可能有尖拱和精致的花饰窗格，以及法国哥特式似火焰般的卷叶式浮雕；另一座建筑可能装饰有庄严、宏伟的圆柱，精美的柱顶盘和罗马式圆拱。

然而，如果人们站在3千米外观看这两座建筑，就会发现它们在每个主要的建筑部分都很相似。两座建筑都是长方形的盒子状物体，也许其中一座建筑带有小而不重要的屋顶；也许一座建筑在顶部有某种装饰，另一座建筑在底部有某种装饰。两座建筑之间都是墙面，墙面上安置着小窗户，紧靠在一起。任何看过纽约、芝加哥、匹兹堡，或者旧金山建筑剪影的人,都会看到这样的场景:所有建筑物的主要线条和效果都相似,它们都有相同民族特色的大楼标志。在这些方阵中,建筑的高度、规模大小、窗户的数量,以及钢结构的效果一览无余。现代美国精神赋予了它们生机勃勃的气象。它们是独一无二的,是美国城市建筑的生动剪影,而这些建筑剪影正是我们的建筑师所创造的。它们不同于伦敦、罗马、巴黎,或者伊斯坦布尔的建筑剪影,因为我们的生活与住在那些国家或首都的人们的生活不同。这些独特的建筑剪影,它们具备的所有力量和勇气,以及偶尔的"尴尬"和"笨拙",表明"美国风格"已经从他们的民族风格的需求中发展起来。

然而,即使是这样的解释,也不能得到现代建筑批评家的认可。他们承认了美国精神这一点,但是对此仍然不满意。回顾以往的建筑历史,我们指出这样一个事实:古希腊人的建筑是一种方式,罗马人的建筑是一种方式,欧洲中世纪的建筑又是另一种方式。世界上的建筑,不仅建筑的规划、构件、轮廓和体积不同,而且建筑的细节和装饰也不同。每个国家的不同时期,都有它们自己的基础装饰材料,也有它们自己对建筑装饰的独特感觉。人们没有发展出新的、重要的装饰形式。这些批评人士认为:"这是我们的建筑师对建筑艺术缺乏创造力的一种奇怪的迹象。"同时,似乎也暗示着大多数民众对建筑艺术情感的极度缺乏。

而且他们更进一步阐述了这种观点。他们列举了一些实例。比如,德国、奥地利、斯堪的纳维亚的一些国家(北欧日耳曼语系),以及英国的小部分地区。在这些地方,越来越多的建筑师似乎在设计一种全新的、富于自由精神的建筑风格,开始逐渐摆脱了的传统建筑风格的影响。许多成功的、崭新的建筑形式正在不断被发展和使用。如果这种新艺术如此有活力和成功并广为流传,那为什么美国建筑师会满足于那些被认为是一种过时的传统建筑风格呢?

这个问题最好通过对建筑历史的思考来进行回答。也许从某种角度来看,这与那些对我们的建筑艺术提出批评的人士所采用的观点略有不同。他们指出,现代建筑是人们在模仿某些国家和某些历史时期的建筑风格。人们必须尝试找出这些自身发展背后的原因和影响,从而使过去的风格成为过去。在这种考虑中,我们很可能会忽略早期的东方建筑风格。因为对于东方建筑的起源和发展,我们知之甚少。

在古希腊,人们则不会受这种停滞和缺乏活力的传统习俗所束缚。正如前面章节中所提到的,古希腊人总是在追求一种不可企及的理想。这是一种与他们的建筑成就一样迅速成长的理想。此外,古希腊的建筑历史是众所周知的,并且能完全被人们所理解。因此,人们很容易就能追寻出古希腊建筑风格的发展轨迹,并发现产生这种建筑风格的原因。举例来说,根据同时期的铭文记载,古希腊的历史是明确可知、有历史依据的,人们毋庸置疑。在古希腊文明的早期,古希腊民族部落的历史已经达到"最后的家园"的前期。由于世界商业和文化交流的日趋繁荣,他们与整个地中海东部居民的关系越来越紧密。即使在殖民地早期,来自希腊诸岛的人们也已定居在埃及这个富裕的国家,而这个伟大国家的水手和海员——腓尼基人,推动了这两个国家之间的贸易往来和发展。

因此,早期的建筑艺术具有许多共通的、国际性的特点和迹象也就不足为奇了。举例来说,我们在希腊克里特岛发现了同样的涡卷饰和圆花饰(莲花丛)的建筑图案,而这种建筑图案是古埃及建筑所特有的。我们在每一个国家都找到了古埃及的莲花饰和亚述(亚洲西南部之古国)的棕榈叶饰。它们有时会根据各国的特点被修改。长此以往,这种装饰的起源被人们所遗忘,或者已经不为人知了。我们甚至发现,亚述的棕榈叶饰和古埃及的莲花饰,可能是同一基本形式的两种变体。

不同的国家具有不同的建筑风格,这一点很容易被人们解释。首先,每个国家都有自己的宗教信仰和社会生活理想;其次,气候不同;最后,所用的建筑材料不同。在古希腊本土的建筑艺术中,人们没有试图去创造一种原始的民族风格。这些早期的古希腊建筑,只按照人们的需要和他们所能使用的建筑材料来建造,建筑的装饰细节也是从各处借鉴而来的。古希腊人在建筑上的每一次变革,无论是什么样的起源,似乎就是让它们看上去更美丽而已。因为他们的绘画技巧比大多数邻国更加巧妙和娴熟,所以他们非常享受这个过程。他们添加各种借鉴而来的图案。比如,某些他们所喜爱的:鱼类尤其是章鱼,蜜蜂,以及巨大的长角牛。

当我们所知的古希腊人,通过和平或征服的方式来到希腊定居下来,他们会逐渐地吸收大量的本土建筑艺术。他们是不同血统的人,也许是不同种族的人,他们来自昏暗的北方——一些在过去的迷雾中出生的人。但是他们发现,自己居住的这个美丽的半岛,这里的建筑艺术和这里的文明,在某种程度上比他们自己的更发达。因此,不再考虑修改这些建筑风格,只要适合他们自己的传统就好。这种融合了本土和外来影响的结果不仅在古希腊早期的建筑中可见,而且在古希腊神话和文学中也能看到。宙斯的许多爱情故事都是理想化的故事,是关于纯希腊宗教与所有古老的地方宗教逐渐结合和联姻的故事。而多利斯柱式,虽然关于其起源的理论是假设,但是它似乎更像是类似古希腊式和本土传统形式的混合物。也许,圆柱的设计起因于第一个原因,柱顶盘的设计起因于第二个原因。当然,古希腊的多利斯柱式顶盘,与之前史前时期人们使用的那些柱顶盘之间,存在着许多的相似之处。这一点,就像它和圆柱之间存在巨大差别一样,非常明显。

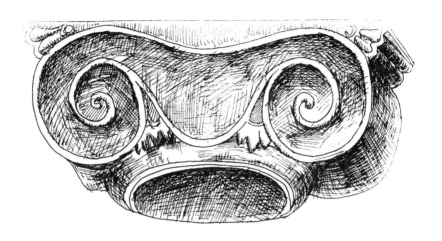

图 8-1　早期的塞浦路斯爱奥尼亚柱式的(古希腊建筑风格,有涡卷饰)柱顶

其是古希腊建筑风格,有涡卷饰。但许多类似的早期柱顶,证明了爱奥尼亚柱式柱顶是由亚洲的非古希腊血统发展而来的

　　但是,古希腊的建筑比多利斯式柱式建筑更重要。同时,古希腊人也开发了爱奥尼亚柱式和科林斯式柱式——带有叶形饰的钟状柱顶。这两种柱式建筑看起来似乎都不是起源于古希腊。直到相对晚期的时候,它们在希腊本土上都没有得到更大程度的发展。而多利斯式柱式,它们却单独地被使用起来,并且盛行了三百年之久。这是因为,在那段时期,古希腊是由年轻人占据主导地位,他们自己解决自身的问题。而且,他们总是面对其他未知民族、未知国家的威胁和恐吓,如东夷国家和地区。在中东地区战争之后,东方国家停止战争和威胁,转而盛情邀请。古希腊人急切地想要抓住这个时机借鉴东方艺术,他们不害怕失去自己艺术的民族特色,因为他们不愿意采用和发展自己的爱奥尼亚柱式艺术——现在普遍被认为起源于亚洲,或者是吕底亚(古代小亚细亚西部王国)的檐下齿状装饰。他们把莲花饰和棕榈叶饰重新组合,形成美丽的新元素。对于古希腊人来说,就像《使徒行传》里所说的那样,他们总是热切地想要被告知一些新事物,或者主动听到一些新事物;总是渴望

采取任何能够取悦他们自己的方式，并以自己的方式来发展建筑艺术。

后来，古希腊建筑作为一种纯粹的民族风格，成为值得人们效仿的对象，并且其发展日益蓬勃。经过这些分析，人们看到古希腊建筑的发展动力大部分来自其他国家，来自希腊本土的发展动力只占少部分。这种建筑是融合了各种建筑特色的混合产物。它们与古希腊人的生活、古希腊的建筑材料资源，以及古希腊的宗教信仰，协调一致地发展着。这种压倒一切的理想主义艺术，就是古希腊艺术。古希腊人很容易接受别国的发展成果，他们借鉴其他国家的宗教信仰、哲学思想和艺术。他们修改了借鉴来的东西，不是因为任何教条、教理上的愿望要求他们的艺术成为一种民族艺术，而是因为他们总是希望通过改良，使他们所借鉴来的东西变得更加美丽。

古罗马建筑的历史展示了罗马建筑具有同样隐晦的、不明朗的发展方式。罗马人在建筑艺术发展早期就接触过古希腊文明。因为当时，古希腊在意大利、西西里岛的殖民地的影响力非常大，其商业非常繁荣。古希腊花瓶和仿制品在意大利被大量发现就是一个有力的证明。此外，罗马帝国就像古希腊一样，在最初的几百年里，被政事、战争、社会和政治发展所困扰。即使在罗马帝国的早期时代，罗马人也是名副其实的建筑建造者。他们在自身建筑、拱门设计和有效使用当地材料等方面，都获得了不少的技能。而且，罗马人是非常热爱艺术的，他们对美有着强烈的敏感度。在经过采用多年的地方建筑特色之后，他们开始融合外来的建筑艺术。他们吸收和同化古希腊建筑形式的速度，就说明了这一点。

因此，当罗马帝国国内局势最终和平稳定之后，国家财富不断增长。这样，就给罗马人提供了很好的机会来发展他们精美的艺术。最终，罗马人致力于发展他们所知道的最美丽的建筑——古希腊建筑。并且，由于他们采用了古希腊建筑形式，这种他们十分了解和热爱的建筑形式。

这些建筑形式与罗马人自己的建筑形式，以及紧密关联的伊特鲁里亚（意大利古国）形式相结合。正是由于这种组合，再加上他们自身的建筑技巧，罗马人逐步发展出属于自己的奇妙的罗马式建筑。宏大、雄伟、壮观的建筑理念，精确、严谨的建筑规划，以及丰富绚丽的装饰，这是一种前所未有的高品质建筑风格。

这并不是一个深入批评被误解的罗马建筑的地方。在这里，只有罗马建筑发展的原因和发展方法与我们有关。从这个角度来考虑，罗马帝国的建筑是一种强大而有活力的艺术，它强烈地表达了这个奇妙帝国的各个方面。而且，这一点已经被大众所承认。那些过于强烈地抨击罗马艺术欣赏品味和罗马建筑的批评家们，大多数都不是建筑师。他们只是一些传统的追随者，并且抨击与罗马帝国有关的所有事物。而这一传统是由至高无上的保守者，一位名叫塔西佗（古罗马元老院元老）的罗马人发起的。

还有一个建筑风格发展的实例，更能说明这一点。法国查理八世，以及后来的路易十二和弗朗西斯一世，他们自称要征服那不勒斯和米兰的宝座。他们对意大利进行远征，然而却遭遇彻底的失败。尽管他们没能带回来物质上的战利品，但是，他们对意大利文艺复兴早期的艺术作品产生了热烈的崇拜。这正好是蒸蒸日上的美学理念的第一次萌发。同时，他们也带回了许多意大利的工匠，这些意大利工匠的建筑作品受到法国朝臣们的热烈欢迎。但是，与古希腊和古罗马不同的是，当这种全新的、美丽的艺术出现在他们的面前时，法国人已经拥有了他们本土的民族建筑风格。15世纪，法国人十分崇尚华丽的哥特式建筑。他们的内心充满了浓浓的法国民族精神的情结，不愿马上接受一种全新的建筑风格，更不愿为外国的艺术而抛弃它。

然而，这种新发现的意大利式装饰建筑的优雅和可爱，却对这些法国朝臣们产生了不可抗拒的吸引力，尤其是弗朗西斯一世。他对意大利的政治抱负,可能与他对意大利事物的热情有关。此外,在那段时期,意大利的城市通常比法国的城市更有秩序、更开化和更文明。意大利文艺复兴时期的宫殿,相比同时期的法国城堡更加富丽堂皇,也更舒适。无论是政治上的、社会上的、美学上的原因,或者是三者都有——弗朗西斯一世立刻开始着手建立新的建筑风格。他招募了大量的意大利建筑艺术家,并让这些艺术家们享受皇家的待遇。很自然,弗朗西斯一世的崇拜者和朝臣们也都开始竭力效仿他的做法。

当然,完全复制意大利的模式是不可能的。首先,法国国内的石雕和建筑大师协会,发源于华丽的、哥特式的传统建筑风格,在当时是相当有权威的。但是,后来他们慢慢地开始熟悉,并且正确地使用了文艺复兴时期的建筑细节。当然,他们完全接受这种建筑风格用了很多年。在这段岁月里,整个人文主义精神和个人主义精神,在法国取得了显著的发展成果。文艺复兴时期的建筑艺术只是其中的一个方面而已。法国一直是一个瞬息万变的国家,它被赋予了理想主义的热情。从路易十四去世,到亨利四世的时代里,这种热情在法国的民族精神、国际贸易和自由文化中迅速发展。但是,法国的这种本性没有发生变化。毫无疑问,文艺复兴时期的建筑风格只能短暂存在,它源于法国对意大利的政治抱负,也消亡于法国对意大利的政治抱负。法国人还是会按照他们国家建筑协会的传统哥特式的建筑风格延续下去。其延续的时间不能确定,也许是几年,也许是几个世纪,也许是更长的时间。

但是,法国的不断发展和进步,不会允许这种情况一直发展下去。随着世界各个国家之间的交流日益快速增长,旅游业变得日益繁荣,人文文化在欧洲的传播也越来越广泛。这些都给人们带来了对古典建筑成就的极大崇拜,因此,这种由古典元素和哥特式元素融合出的精致而可爱的建筑风格,成了弗朗西斯一世的建筑风格。这种风格充满了特有的、迷人的过渡期,就像四月里明媚的春天。这种风格不是哥特式建筑风格的复燃,而是使古典的建筑风格再次升华。它加强了两种风格的联系,提供了更好的使用技能。然而,即使有了越来越多的古典风格形式的使用,法国建筑还是没有达到那些意大利建筑风格的标准,但这却是法国文艺复兴的第一个灵感。法国多云、多雨的气候是造成这种现象的最重要原因。在法国,一定要配备大窗户来增加建筑的进光度,而且还需要陡峭的屋顶,来防潮和排出积水。而且,法国人非常喜欢这样的建筑,这样的建筑能给他们带来无比快乐的精神享受。而这些,在单调、乏味的古典主义风格中是很难找到的。

正是所有的这些趋势,使得法国文艺复兴时期的建筑具有强烈的民族风格。人们往往使用明显的大窗户,配备陡峭而设计完美的屋顶。古典风格和热烈、奔放的风格,二者对理性的表达始终是一样的。17世纪的法国没有复制其他建筑风格,不是因为害怕剥夺和摒弃他们自己的建筑艺术,而是因为法国艺术家忠于他们自己的理想。他们只会复制他们认为美丽的东西,而且这些建筑要符合法国的建筑条件、建筑材料和环境。

分析任何其他建筑"风格"的历史发展对建筑的影响,结果都是一样的。例如,罗马式建筑是从古罗马式和拜占庭式建筑中成长和发展起来的,哥特式建筑是从罗马式建筑成长和发展起来的。这些建筑不是通过任何突然的艺术革命,或者由任何浮躁和冲动的情绪而努力追求的一种艺术创意、艺术独创性而产生的。它们的出现,只是建筑师和建设者努力地希望他们能够尽最大的可能在不同技能条件和不同的社会文明构成之下,建造出伟大的建筑。在任何情况下,只要这些建筑形式看起来很漂亮,建筑师们都会尽可能地模仿过去的建筑形式和外国的建筑形式。尽管如此,建筑风格仍然不可避免地形成了民族风格,并表现出当代人们的生活。

任何对当代美国建筑精神的真正批评,都必须建立在对过去和现在

第八章 建筑风格的意蕴

173

条件的类似分析的基础之上。这些条件影响了我们的民族生活和民族特性的广泛交流。首先,我们必须注意到,美国人的生活具有某种国际化的特性。在美国诞生之初,只是一个未经融合的多个独立州的集合体。它的居民来自不同的社会阶层、不同的地区,有着不同的教育背景和不同的理念和文化。而且美国受到移民加拿大的法国人很大的影响,后来直接受到法国本土人的影响。在当时,由于法国对这个年轻国家的同情,法国人帮助美国人来反抗英国这一夙敌。的确,在美国内战之后的数年里,这个国家才有了真正的民族意识。直到如今,当地的忠诚信仰和地方意识仍然保留于美国的各个地区。这一特点使这个国家不可能产生中央集权狭隘而偏激的治国态度。当地的地方主义在很大程度上保护了他们,使他们远离了民族地方主义的危险。

此外,我们必须记得,在这片大陆上居住的人们,大部分来自一个自身有着发达、成熟的建筑史的国家。他们经历了由伊尼戈·琼斯、克里斯多弗·雷恩和他们的追随者建造的英国文艺复兴时期的建筑杰作的时代。在那时,英国和美洲殖民地之间的相互往来几乎从未间断过。因此,英国殖民者一旦能够开始建造建筑,他们就尽可能地运用英国文艺复兴时期的建筑风格。的确,他们把建筑的各处细节都进行了修改。但是,那是因为美洲土著——印第安人时代根本没有"建筑"一词,他们可以使用的建筑材料只有木头,而不是砖块和石头。这种情况可能会导致英国殖民者改变他们的建筑风格。

美国革命之后,其建筑风格丝毫没有国家和民族的意义,也没有人试图改变这种建筑风格。即使是美国伟大的华盛顿总统也没有这种民族风格的建筑理念。当时有一个法国人,名叫马若尔·凡特。他提议按照当时欧洲最好的建筑风格和建筑技能,来对华盛顿进行城市规划。现在的国会大厦最古老的那部分建筑,就是一种非常古典的建筑风格,它与法国和英国同时期的传统风格十分协调。不久之后,托马斯·杰斐逊——一位有着惊人学识、广博文化背景又不缺乏艺术技巧的人,为美国古典主义的传统建筑风格奠定了另一个基石。作为一位杰出的建筑师,这位伟大的绅士完成了美国夏洛茨维尔的弗吉尼亚大学建筑,以及弗吉尼亚首府里士满最初的州议会大厦的建筑。后者的建筑是在巴黎,由一位法国建筑师或是绘图员,在杰斐逊的领导下设计的。后来,他又做了调整和修改,最终完成了这座建筑。有趣的是,在托马斯·杰斐逊的建筑作品中,他主要是通过建筑书籍,尤其是意大利建筑师帕拉第奥的伟大建筑作品来了解建筑。并且,他努力使用木头来模仿罗马辉煌的建筑,以及意大利文艺复兴时期的建筑。托马斯·杰斐逊是一位非凡的人物,他有着多重的身份和地位。他既是美国最早的一位真正的建筑师,也是一位游历各地的绅士,更是美国的第三任总统。他在自己的建筑作品中,努力模仿过去建筑风格中的美。他十分欣赏这种美,因为这种美在他看来非常珍贵和迷人。也正是如此,这个国家建立的古典传统建筑艺术从未完全消亡过。

因此,美国建筑的整体趋势在其开始时,就转向了与罗马复兴古典主义和欧洲后来的希腊复兴相似的古典主义。同样,英国哥特式建筑的复兴在这个国家也有反映。在这里,人们建造出了一些美丽的教堂。比如,位于纽约古老的三位一体建筑。但是,如果这样的建筑太多,就产生不出美感。因为哥特式的建筑细节完全不适合当时那种通常使用的木质结构建筑。美国南北战争以及重建时期的建筑,是一种沉闷、枯燥的"浪费式"建筑,这个国家的所有活力和精神似乎都突然蒸发了。首先是战争的可怕压力,后来是紧随其后的工业和商业的突然发展。然而在这段时间里,美国与欧洲的贸易和文化往来却在不断增长。

19世纪的后期,美国建筑艺术领域有了突飞猛进的发展,艺术品位和鉴赏力的提升遍及整个国家。美国的现代建筑艺术也产生了。此时的美国建筑,已经明显有别于托马斯·杰斐逊时代直接从早期殖民地时期发展起来的传统建筑。时期大概是从 1875 年或者 1876 年开始至今。而且,那年正好在美国费城举办了一百周年博览会。但是,这个时期的建筑同时还存在另外两个明显的重要特征:其一,在这个时期大量涌入来自欧洲各国的移民。其二,越来越多的美国人到欧洲旅行。当时,去往欧洲旅行的人员数量猛增。此外,我们必须注意一点,19 世纪末到 20 世纪初的几年中,社会思想是由强烈的国际社会阵容所主导。各种各样的国际会议越来越普遍,国际财政、国际金融也变得越来越重要。长期的国际社会和平景象似乎成为可能,或者说已经成为一种可能。换句话说,我们看到的美国现代建筑发展的四十年,正是国际社会理念成长和取得胜利的时代。

这种国际主义风潮,很容易对美国的建筑艺术产生巨大的影响。这种风潮,使美国的艺术家,尤其是建筑师们,热衷于从其他国家或者地区获得艺术灵感。尤其是自 1870 年以来,美国本土建筑艺术已经陷入前所未有的低潮,其建筑艺术灵感消失殆尽。换句话说,这个时期美国正处于摸索的时期,是其艺术欣赏品味正隐约觉醒的时期。而这个时期,欧洲的所有艺术宝库,无论是崭新的或陈旧的艺术,还是现代的或古老的艺术,都对美国敞开了大门。欧洲的艺术欢迎着美国学生,欧洲的旅游胜地也热烈欢迎着美国游客。因此,美国建筑师从欧洲人那里得到了艺术灵感。比如罗马公共浴场、佛罗伦萨和威尼斯的宫殿、法国的城堡和大教堂,或者英国的大修道院、乡村庄园以及别墅。美国建筑师从这些建筑杰作中汲取艺术灵感,采纳欧洲成熟发达的建筑形式,但建筑师没有违背任何艺术上的行为原则。他们只是遵循着所有伟大时代的建筑师们所遵循的方法。美是一种既无种族界限,又无国家界限的品质,更是建筑师所追求的目标。克里特岛人复制了古埃及人的建筑,古希腊人复制了克里特岛人的建筑,罗马人复制了古希腊人的建筑,文艺复兴时期的建筑复制了罗马人的建筑,而现代的建筑师把它们都复制了。建筑的好或坏,不在于反对复制、支持独创,而是在于建筑师是否成功地建造出美观的建筑,是否解决了与当时建筑条件、建筑材料和同时期的文化理念相和谐的一些具体的问题。

因此,只要美国文明是今天的样子,那么建筑师就必须采用过去的建筑风格形式为其所用。因为,只要其文化是建立在过去的文化基础之上,那么建筑就必定是以过去的建筑为基础。而建筑师们所复制和采用的建筑形式,正是基于人们的文化成就所创造和发展出的形式,这是不可避免的事实。正如每一个伟大国家的建筑风格,都是经过多年的缓慢发展而产生、形成的。人们从不会盲目地跟随过去,但是面对新的问题和新的需求,人们也从来没有失去对过去的尊敬,也会借鉴过去。美国的建筑艺术一定会产生和崛起,所以它出现在我们的眼前。建筑师们没有使用罗马的柱式,或者哥特式的拱门,因为这种结构设计新型建筑形式的效率太低。但是,这些建筑形式是美丽绝伦的,并且这种评价已经延续了几个世纪。根据美国的历史和其形成特点,他们可以公正地宣称:任何欧洲建筑风格都是他们自己国家的建筑风格。因为他们能够熟悉,并了解它。现今,美国比世界上任何一个国家所继承的东西都要多,其继承了所有的建筑风格和文化遗产。比如,古希腊哲学、罗马法、封建主义和文艺复兴时期的个人主义,以及18世纪的理性主义。这些都对美国的体制建设做出了重要贡献——包括美国的法律、教育、宗教、政治和经济。因此,美国建筑必然以所有这些不同民族的建筑为基础。

20世纪初的美国,与当时德国、奥地利,或者英国的情况也不相同。在这些国家里,独立而现代的民族风格似乎突然发展起来。因为所有这些欧洲国家的民族主义思想,甚至沙文主义思想(狂热的排外或排他态度),已经深深地被植入这些国家之中。相比在美国,这种思想获得发展的可能性更多。这种民族情感的伟大发展,是近代欧洲历史上最突出的事实之一。并且,就像所有伟大而深刻的精神运动一样,这种民族情感都在建筑艺术中被表达出来。这种民族主义思想所能体现的特殊趋势，在每个国家的建筑结构中都能被看到，并解读出来。此外，那些批判现代美国建筑传统主义的批评家们，在这些新的欧洲民族风格的例子中发现，他们忽略了另一个重要的事实，即在分析这些新的民族主义建筑风格的时候，这些新的民族主义建筑风格已经失去了许多新事物。在每个案例中，建筑的元素和过去建筑风格的元素都是一样的。例如，德国现代建筑的发展也许是目前最著名的现代风格。它有着一系列辉煌的建筑作品清单来展示这份荣誉：精致的商店和房屋，高贵的市政厅，以及宏伟的纪念碑建筑。所有的建筑设计显然都是以全新、独创的方式进行的。然而，当人们仔细地研究它们的细节时，会感到非常惊讶。因为他们会发现，这些新的现代建筑在许多方面与德国巴洛克风格建筑是如此相似。这些建筑同样热衷于长长的、垂直的建筑线条，使用类似的屋顶表面。下面图中展示的狩猎小屋，与德国大量现代直线派建筑非常相似。事实上，它是由 18 世纪早期，著名的巴洛克建筑师约翰·康拉德·施洛恩建造的。

图 8—2　麦森·拉菲特城堡

同样,法国的大多数现代建筑都是一种折中式的建筑风格。它几乎融合了所有法国"风格"的元素,从弗朗西斯一世到路易十六时期,再到法兰西帝国时期。法国是幸运的,巴黎艺术学院学生一直保持着伟大的历史建筑的理念,这是非常好的传统。新艺术在法国建筑中作为一种调控因素,只是一种短暂的存在,英国也是如此。最好的英国现代建筑也是一种结合了英国所有时期风格的元素于一体的建筑。尤其是都铎王朝时期,以及英国文艺复兴早期的建筑风格。

美国还太年轻,没有自己的民族建筑风格可以借鉴,只保留了殖民主义时期的风格——一种英国古典风格后期,以及少量西班牙文艺复兴时期的改良形式。建筑师们应该在这两种风格的方面做出更大的贡献。根据殖民地时期建筑风格改良的现代建筑,在东方国家里十分普遍。具体的例证看起来似乎都是徒劳的,因为这是一种独特的建筑风格。它特别适合于有着大榆树和宽阔街道的地方。这是较小的东部城镇和城市的骄傲,尤其是它被使用在一个有许多古老房子和教堂的城镇,以及具有丰富的地方传统风格的地方。有一点更有趣,但是很少有人知道。在加利福尼亚州及其西南地区,越来越多的建筑,试图改变西班牙文艺复兴时期的装饰目的。因为它是美国建造的道院(布道)建筑风格,是现代使用的一种建筑风格。加利福尼亚州有许多漂亮的房子,它们完全成功地采用了一种美丽的建筑风格。而这种建筑风格在美国的中西部和东部,被一些低劣的建筑制造商歪曲模仿和讽刺,已经陷入到相当不受欢迎的程度。这种建筑风格也可以被用于大型公共建筑。圣地亚哥(美国加利福尼亚州西南部港口城市)的火车站就是一个很好的实例。然而,即使在全盛时期,这些建筑风格也并没有充分填补人们所有的物质需求和审美需求。而且在这个国家的大部分地区,气候或者历史因素使得人们的物质需求和审美需求显得格格不入。

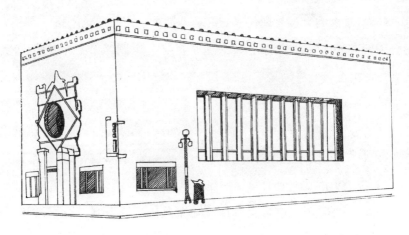

图 8-3　国家商业银行

国家商业银行位于爱荷华州的格林奈尔。这座建筑是完全不受传统约束建造的建筑。这样的建筑总是会显得有些"古怪"

图 8-4　德国克莱蒙斯特的狩猎小屋

狩猎小屋位于德国克莱蒙斯特。这座建于 18 世纪的建筑表明,现代德国"分离主义"思想的建筑师们只是保持了长期以来的建筑传统

除了纯粹的美国人的建筑艺术灵感之外,还有另一种可能的灵感来源。在墨西哥和中美洲地区,有一些位于美国西南部的印第安部落,那里的人们在很久以前就已经有了某些美丽和宏伟的建筑形式。然而,这

种怪诞的建筑艺术，是在最原始的、野蛮的、带有巫术统治的民族中所诞生的。他们用活人祭祀来崇拜可怕的神灵，这与我们的欣赏品味格格不入，对我们而言，根本没有任何美感可言。而任何试图使我们适应其建筑艺术的尝试，显然都是荒诞可笑的。

但是，建筑师应该完全忘记"建筑的风格"。寻求一种全新的、独创的美国式建筑风格的建筑师，他们的做法与那些不惜一切代价坚持罗马式或者哥特式建筑风格的人一样都是错误的。他们的建筑作品也许很有趣，并且意义重大。但是，这种建筑作品，与更理智和更现实的建筑作品相比，它与人们的需求联系很少，缺乏更真实的美丽。不论我们对建筑"风格"问题的态度是保守主义思想，就像克里斯多弗·雷恩（Christopher Wren）在多年前所写的那样，"对于建筑师来说，有必要进行一项引人注目的工作，以保护他的建筑事业不受普遍的批评和责难，因此他要将自己的设计与他所处的时代精神相适应，尽管这对他来说似乎不那么理性"，还是批评家的激进主义思想，他们希望撕毁国家的每一部建筑书籍和图册，这样我们就可以重新开始。不管我们曾经的态度是什么，我们都对"风格"的思考和看法关注的太多了。

人们相信，建筑风格只是一种手段，而美才是追求的终点。让我们的建筑师还有非专业的观赏者们，停止关于新艺术派（19世纪末流行于欧美的一种装饰艺术风格），或者分离主义、优秀的古老传统、罗马式和哥特式建筑风格所做的无谓的争论。对于一种民族风格的、最真实的表达方式，是通过真诚的尝试，以一种简单的方式来获得美。设计师精心设计，并且用心去满足他的每一个需求，然后以最美丽的方式达到他们所想要的装饰效果，不管他们使用的装饰形式是创新的还是从过去借鉴的，他们所做的更多的应该是使美国的建筑成为一种荣耀的民族生活的表达，而不是几代人无休止的、理论化的批评。

第九章
建筑艺术的社会价值

　　在现代整个思想领域中,重要的运动之一就是"意识的社会化"。也就是说,大众思想的认知范围在逐渐扩大,这一现象体现在人类的努力中。个人越来越不满足于仅仅关注他自己的事情,越来越多的人感到,自己有意识地成为生活中复杂团体的一部分。人们开始意识到,他们和他们周围伙伴们生活的联系是如此紧密。他们不仅要解决对自己产生影响的重要问题,而且还要解决对整个社会生活产生影响的重要问题。中世纪或者文艺复兴时期的道德伦理家,他们从个人审美开始研究,然后再研究到理想的社会审美;而现代主义艺术家,他们从理想的社会审美开始研究,然后再到对个人审美的研究。

　　这种全新的态度给世界带来一套全新的标准。这套新标准不仅能评判个人行为,还能评判当今的宗教和艺术。这种评判是冷酷无情的,建筑艺术必须根据它所承受的评判方式,来评判大众评估的好与坏。在某些人看来,这样的评判标准应该被谴责。因为在别墅、大教堂、图书馆或城市的房子里,一些批评家只看到传统的或过时的个人主义风格建筑;在建筑师眼中,他们只看到一个喜欢享乐的财阀统治下的虚假文化。

批评家们以这种方式评判我们的建筑是片面的。某些建筑仅仅代表着一类个别的建筑师作品，批评家们不能由此评判整个建筑艺术。的确，有些建筑师可能会受到评判和谴责，但是艺术本身比任何实践它的人都要更伟大。而且绝大多数的美国建筑师，比那些批评者们更能真正地体会到他们职业的社会使命感，以及其独特的社会价值。

事实上，建筑艺术是所有艺术中最伟大也是最真实的一种艺术。这一观点正是因为建筑艺术里包含有独特的社交信息，具有巨大的社会价值。这也是必然的。因为它是由建筑艺术自身的本质所决定的。即建筑的双重性质：实际需求和美学理念的双重属性。公众评论的每一次真正的变化，都会不可避免地对这两个因素产生影响，并通过它们再对建筑艺术产生影响。一旦这种公众评论的改变渗透到社会生活的核心，就必然会使人们的日常需求发生变化，那么它势必也会在某种程度上改变大众对美的概念。

上面所说的这一观点是非常正确的。当社会上的变化深入到人们的内心，并且开始广泛地传播开来时，那么它一定会影响人们所做或者所想的每一件事。这一变化促使人们社会化思想的产生，以及移民房屋、郊区城镇和公共游乐场等建筑的出现。例如，社会化的意识使人们对住房、卫生设施、工厂和城市规划产生了全新的理念。所有这些都直接关系到建筑艺术。因为在这样的背景下建造建筑物时，出现新的问题和需求，建筑师们需要按照新问题和新需求设计这些建筑。

大体上来说，现代的建筑师对这些新问题表示赞赏和欢迎。因为现代建筑的社会性理念是缓慢实现的，建筑师需要时刻察觉公众不断变化的需求。比如，住房竞争和诸如此类的事情经常发生，这时就迫切需要形成新的建筑理念，以此来解决这些新问题。但是，与画家、雕塑家或者作家不同的是，建筑师需要的不仅仅是他自己的思想，还要有创造建筑艺术作品的技巧。建筑师的使命不是光靠简单的梦想或者伟大的计划来完成的。这种使命需要建筑师通过实际建造出的建筑物被使用后来实现。要想具体实施建筑师所提出的建筑思想，往往需要大量的资金支持。这需要有人去建设，即那些愿意欣赏和认可这些新建筑方案并为之付出代价的人。只要投机建筑商和房地产运营商，满足于建造廉价而设计不佳的建筑，他们就可以获得巨大的利润，那么无论建筑师们多么努力地思考新的建筑理念，为新问题设计的解决方案多么完美，其社会性理念还是会受挫，而我们的城市仍然会混乱无序，并且到处充斥着令人沮丧的人类贪婪的本性。优良、崇高的建筑设计理念必须付出高昂的代价。在人们受教育的程度停留在低级阶段，为追求美和财富充斥着不正当想法的时候，希望建筑艺术取得巨大的进步是徒劳的。如果我们的建筑被指责没有重视当今的社会化意识，那么这种指责不应该指向我们的建筑师，而应该指向那些要求以低廉的价格建造建筑的少数派，因为这样的做法很容易使他们获得大笔的钱财。

在这一问题上，最重要的一点是全新的个人主义工业化制度带来一种可怕的非公正性，使人们变得冷酷无情。第一个意识到这种变化会给人们的精神带来痛苦的人，是著名的建筑评论家——约翰·罗斯金。在一场关于建筑教育的有趣讨论之后，英国皇家建筑师学会的一场演讲中出现了这样一段话："对不起，我说得很沮丧。就我个人而言，我感受到工业机械和贪婪的商业贸易的猛烈力量，当今的这种力量是如此的不可抗拒，以至于我退出对建筑艺术的研究，甚至是对所有艺术的研究；就像我在一个被围困的城市里所做的那样，我想要寻找为大众提供面包和水的方法，在我看来，没有什么比这更重要。"

罗斯金对建筑艺术的看法是片面的。他认为，建筑师在生活中的地位是不高的，所有人都强烈地想摆脱贫穷和痛苦。但是，对罗斯金来说，建筑艺术意味着装饰和点缀，而建筑师主要就是一名装潢师。这其实是一种误解，给人们蒙上了一种悲伤和沮丧的基调。对于现代建筑师来说，他们会意识到装饰只是进行伟大建筑艺术的几个方面之一。贫穷和痛苦的窘状激励他们要更细致地运用他们的建筑技能，更加全身心地投入自己的事业。

建筑艺术的第一个伟大价值在于：真正的建筑是以最真诚的态度、最实用的方式来解决人们遇到的所有问题。这其中的意义极其深远。每位建筑师精心设计每一座建筑，不仅改善了建筑使用者的生活或者工作的条件，而且随着这种精心设计的建筑逐渐增加，国家建筑艺术的整体品味和标准随之也会不断提升。

现代学校的房屋建筑是一个具体的实例。这些实例可以说明全新社会意识下诞生的建筑是如何满足人们生活实际需求的，同时它又是如何提高公众的欣赏品味和标准的。三十年前，大部分普通城市学校都没有什么美感，而且房间封闭、不通风，走廊漆黑，木质楼梯也不结实，还处于阴暗的地方；外面是砖砌的，里面是粗糙的木结构装饰。孩子们聚集在这样的地方，不仅不健康，还会给他们带来非常沮丧和压抑的感觉。从社会化意识开始觉醒的那刻起，我们就不再允许街道上出现这样破坏景致的建筑。公众舆论也将不能再忍受这种没有光线、又不安全的学校建筑。而现代学校的房屋建筑都布置得很好：通风、明亮，而且交通还很方便，是社区里设计最用心的建筑。对于这种情况，建筑师需要直接负责。甚至在公众舆论意识到学校建筑的这种不合理和危险之前，建筑师就应该已经对这个问题投入了大量的思考，由优秀的建筑师所设计的许多老学校建筑就证明了这一点。真正的建筑师从不满足于遵循建筑法则的最低要求，只有单纯的建造者才会常常满足于现状。真正的建筑师总是对自己遇到的问题，进行思考，努力把自己的全部专业知识和技能运用到建筑中去，不仅要达到满足大众要求的建筑，而且还要尽可能地表达出自己心中对建筑的崇高理想。如果他们的建筑在便利性、高效性、安全性、配套设施和美观方面，不能超越建筑法则和大众舆论的最低要求,那么他就会认为他的建筑是失败的。相反,其在精神上的效果就是将社区的品位提高到了一个新的水平。因为大众一旦享受过美好的事物,就不想再和这些美好的事物分开。其在物质上的效果,同样是不可估量的。纽约市的新学校,以及其他上千个不同城镇和城市的学校也是如此。它们都是国家和公民的财产,因为这些学校建筑对建筑师们来说,可以很好地发挥他们的建筑才能。尤其是在加利福尼亚州,学校的建筑结构已经达到了高级的公共服务水平。在那里,社会化意识似乎已经发展到一个非同一般的程度。而且,那里良好的经济状况和温和的气候条件,让建筑师有更大的自由,他们可以根据自己的理想来建造建筑。如果说教育是民主进步的伟大希望,那么在纽约或者圣路易斯,建筑师肯定会建造带有许多窗户的、性能高效的学校建筑,或者是在加利福尼亚州建造广受欢迎的学校建筑。美国建筑师在建筑的公共服务方面表现得相当出色,可以说建筑实际上是唤醒国家社会化意识的真正体现。

在过去的 20 年中,人们的住房条件得到了很大的改善,这些都是建筑师们的功劳。即使是现在,我们也习惯把城市贫民窟认为是相当可怕的地方。但是,如果我们想一下 30 年前的那些建筑,我们就应该认识到,改善穷人的生活居住条件已经取得很大的进展。的确,建筑师并不是对所有建筑的改进都有功劳,但建筑艺术也没有因此而衰落。而且,对于许多建筑改进来说,建筑师的新建筑风格是有直接贡献的。"敞开式(开放式)楼梯",是出租公寓设计中最伟大的进步之一。所有的室内公共走廊都可以被废弃不用,这是对出租公寓的精心设计。这样,房间的通风效果会更好,而且会更宽敞、明亮、舒适,废弃的屋顶也可以逐渐进行改造。所有这些设计都是建筑师所发起的新改革,这些都是真正的改革。那些可怕的"哑铃"式的老公寓,房间阴暗、沉闷,有六层楼高的通风井,大约有一米宽,还有肮脏、不得体的卫生设施。在这样的建筑之前还有一些建筑,是 19 世纪早期穷人不得不居住的可怕"洞穴"。这些"洞穴"可以从利物浦部分地区、那不勒斯或者南非的东伦敦（南非一港口城市）的迷宫般的小巷中想象出类似的场景。大面积的、无规划的茅屋和蓬乱的庭院黑压压一片，看起来可怕而又脏乱。没有足够的水，也没有任何像样的卫生设施，到处臭气熏天。这里成为一切疾病的温床。所有不幸的流浪者都拥挤在这个地方。

至少，现在这种痛苦已经消失，或者正在快速消失。近年来，许多欧洲城市在摆脱穷人恶劣居住环境方面取得了巨大的进步。其中，德国和英国处于领先地位。城市一座接着一座被相继整改之后，大量不卫生的庭院和小巷也被提议整改，取而代之的是新的更好的房子。这些统计数据令人十分吃惊。例如，在 1875 年到 1908 年之间，伦敦市清理了 41.6 公顷可怕的贫民窟建筑，伯明翰清理了约 36.7 公顷、利兹市清理了 30 公顷、格拉斯哥市清理了 35.2 公顷，等等。我们在城市规划方面需要向欧洲城市学习很多东西。在欧洲，强烈的社会意识以及自豪感，使我们所困扰的城市改进问题看起来是可以解决的。这些改进很大程度上要归功于建筑师。建筑的意义是为所有无家可归的人提供正规、舒适的住房，而不是简陋的棚舍。我们所设计的新公寓，它不仅要满足要求，而且要满足建筑法则最严格的要求。

如果在美国，人民和国民政府，在对城市的住房需求的处理过程中表现得很落后和胆小怕事，那么我们的建筑师——不仅指建筑的设计师，也包括那些对他们的建筑艺术高度负责的人，不应该被指责。因为他们有能力和条件建造出我们的公寓，他们建造的建筑在公共卫生设施方面，以及便利性、美观性和经济性上，都可以与欧洲的建筑相比。事实上，在某些方面，他们已经制定出远远超过欧洲的标准。例如，在盥洗室的建筑设计上。1904 年，纽约总共有 362 000 个昏暗的卫生间，但是纽约现在的卫生间数量可能比世界上其他任何城市都要多，而且盥洗室的便利性和清洁程度对外国人来说就是奇迹。我们的住房法律所取得的

进步,很大程度上也归功于建筑行业。建筑行业的公众舆论是非常强大
而有力的,而且在全国各地都组织有建筑行业协会。这些协会对立法的
影响也不小,每一个建筑协会都设有专门的委员会,来处理立法事务上
的问题。他们会审核每一项有关建筑领域的法律提案,讨论房屋卫生、
防火和建筑规范的问题。无论是在安全方面,还是美化市容方面,他们
通过对公众的煽动和不断教育,为国家提高建筑的标准。

如果说建筑在改善现代城市的生活条件方面取得了成功,那么在郊
区更是如此。德国和英国对此再一次率先采取了行动。这些国家,19 世
纪上半叶的那些粗糙、拙劣的郊区建设,和他们在过去 10 年中建造的模
范房屋建筑之间的对比十分明显。50 年前的英国郊区令人无法直视,情
况相当狼狈。街道几乎修建得一模一样,"半独立式洋房"排成一条直
线,到处都是肮脏的、已经变黑的砖瓦。建筑之间完全没有差别,也没有
设计感。巨大高耸的工厂烟囱无休止地冒着滚滚的黑色浓烟,风一吹把
天空都染成了暗灰色。这里的郊区枯燥、沉闷、压抑,如同患有贫血症的
病人一般毫无生气,到处弥漫着一种残忍和绝望的气息。当火车穿过破
旧的伦敦南部的周边地区,或者英格兰中部繁忙的村舍,又或者我们新
英格兰、宾夕法尼亚州的某些城镇时,人们仍然可以从车窗中看到这样
的郊区。德国和英格兰的新模范郊区,以其优秀和卓越的建筑表现而闻
名,而老郊区则因其肮脏而臭名远扬。对美国人来说,去参观伦敦附近
的汉普斯特德花园郊区,或者德国埃森市附近的村庄等地方,都会给他
们带来许多启示。值得注意的是,建筑师设计这些新的、美丽的村庄,在
很大程度上就是为了改善郊区的住宅条件。美国开始意识到郊区的悲
哀现状后,大量的建造商开始投资建立新的、舒适的村庄给他们的员工
作为福利,他们认识到,改善生活环境不仅对员工有利,对雇主也是
如此。

很多迹象表明,在这个时候建筑师并没有放弃展示他们建筑艺术的

机会。现在,正在华盛顿建造的改良房屋,是为了纪念已故的威尔逊夫人。这种房屋的设计是住房竞争的产物,也是许多建筑方案中的一个。它表明建筑思想最终会在执行的工作过程中产生效果,并且是使我们的城市和郊区,甚至是最穷困的人的生活,变得舒适、安全和健康的一个开始。这一开始必然会使其变得越来越快,对国家社会生活也会产生越来越大的价值。

便利性和填补明显的实际需求,不是建筑唯一履行的社会服务责任。建筑师应该始终拥有双重理想主义,这样他们会对实际需求和对美的渴望同时保持警觉,使他们不能仅仅满足于简单的、必要的结果。真正的建筑师和所有真正的艺术家一样,看待生活的方式太宽泛,过于敏感,他们不允许这种事发生。他们把生活看作是理想和"面包、黄油"应该共存的问题。建筑师总是对一个美丽的地方保持关注,而且总是希望这个美丽的地方一定要使人们的生活更富有和充实。他们意识到,缺乏对美丽的渴望是多么扭曲的态度。这种扭曲态度会使人们误入歧途,并在各种各样的邪恶和犯罪中寻找出不健康的表达方式。他们真正认识到,对于美的强烈需求,在每一种生命中都是与生俱来的。这种对美的强烈需求是一种真正的需要,与对健康和生命本身的需要有着广泛的联系。而且,这种需求需要被绝对满足,才能产生一个健全而快乐的社会团体。

贫民窟的悲剧同样在于其丑陋、拥挤、无序和不健康的居住环境。事实上,实际需求和美学需求是密不可分的。美国城镇典型的棚式建筑物,丑陋又恐怖,具有一种微妙而有害的影响。所有这些现象都是危险的。因为在那样的城镇中生活,这种影响是无形的,人们难以觉察。这里到处弥漫着仇恨、贪婪和反叛的烈火,愤怒一触即发。这是一种对人们愤怒的内心产生更加强大力量的影响。这种影响不同于人们认为的那种冲突激起的人们内心愤怒的影响。它使男孩们酗酒吸毒,使女孩们迅速地被卷入奢靡的生活，并被一种虚假的美貌和吸引力所灼伤，最终疾病、绝望和死亡缠绕着他们，从而演变成一场可怕的、无法用言语表达的悲剧。我们能不能替代西方矿业城镇的原始野蛮，或者东部普通工厂中心的杂乱和肮脏？我们的城镇市容如果能够有序而美丽，那么我们的生活也会更加美好，这是一个不容置疑的事实。

经验表明，这不是毫无根据、莫须有的主张。现今，这是德国日益增长的进步运动。让那些大型工业企业的员工们在美丽的地方工作。这对德国人的工业发展和民族团结起到了很大的作用，其效果也是非常明显的。例如，在欧洲大陆那些较老的城市中，无论穷人的生活如何悲惨，他们都生活在一个美丽的环境中，这样美丽的环境正是祖先遗留给后人的建筑遗产。这使得他们虽然生活上贫穷，但他们在精神上比物质上充实富有的人更有朝气。美丽建筑的情感影响，虽然是无形、无意识的，但是却从未消失过。真正的公民意识必须能够强烈地感受到美丽的需求，就像他们对健康的需求认知一样强烈。

如果一座漂亮的建筑对那些看到它的人有着重要的影响，那么一座美丽城市的效果将会多么强大！在伯里克利（古希腊政治家）的领导时期，雅典的建筑如此之美，这不仅仅是一种表面的象征，它也是雅典城市规划能够井然有序，以及民众能够幸福生活的一个原因。同样，在图拉真（罗马帝国皇帝，在位期间公元 98 年－公元 117 年），以及哈德良（罗马帝国皇帝，在位期间公元 117 年－公元 138 年）的统治下，罗马建筑的美丽和庄严的气势，不仅仅是一种表面象征，还是共和国保守主义（托利党）贵族政体和早期帝国逐渐瓦解的原因，更是被解放的奴隶逐渐获得社会权利、知识和艺术文化的原因。就像庞贝古城所证明的，这里在历经了几个世纪的种族斗争和政治解体后，在黑暗时代中产生了一种文化，并且奠定了一个基础。这种文化在中世纪的时候成长起来，在文艺复兴时期得到了蓬勃发展，并且给人类活动的各个方面都带来了无限的

190

价值。

哥特式建筑的伟大时代同样是一种表面象征,同样也是 13 世纪宗教情绪的起因。更重要的是法国的大教堂成了民众的集会场所,从而帮助他们团结起来反对封建贵族。在这些伟大的教堂周围,逐渐发展起来一些城市。这些城市就像未离巢的雏鸟,尽可能地靠近在教堂的两侧。这样的建筑在某种程度上可以表达出:人们正从他们伟大建筑的美丽力量中汲取艺术灵感,并且这种艺术灵感仍然吸引着他们。

我们很难找到美对我们现代人的影响。因为我们现代的生活更复杂,我们对事物充满质疑,不愿意屈服于美丽艺术的影响。尤其在美国,人们很难意识到美的社会影响。因为在美国清教主义的影响下,这个国家在对宗教和道德行为上的态度非常拘谨、严苛,甚至到现在还留有这种印记。追踪其中的影响,其使得人们混杂着善良和邪恶,理智的思维和不健康的压抑感,以及严厉的道德感和对一切美好事物不合理的怀疑感。但是,否认美丽的环境对人们的影响是完全错误的。心理学的研究已经证实了审美愉悦与精神健康的某些特征之间存在着密切的联系。举一个简单的例子,当人们看到一个简单而美丽的建筑装饰的时候,眼睛马上就会放松下来,单从这一点上来说,建筑艺术就给人们带来一种真正独特的、明显的健康和幸福的促进,并对人们的想法有一种独特的影响。

因此,我们可以说美丽、实用、便利的建筑,提供的是一种高尚的公共服务。在过去的历史和周围人们的生活,以及在心理学的调查研究中,有太多的证据说明了这一点,任何人都不能否认。最伟大和最具远见的人们一直都很欣赏它。美具有双重的意义和效果:人们感官上的意义和人们精神上的意义。一种是对人们理智的、愉悦感的效果;一种是对人们更深的思考和更好生活的激励的效果。罗斯金是英国的一位道德伦理家,他认为美给人们带来的精神享受是至高无上的。也许,我们给予建筑对感官方面的意义考虑得过多了。由于贪婪和奢侈与艺术直接对立,因此艺术也直接与之相矛盾。根据两者之间相互的反作用力,我们应该将其分离,并对它们进行更好的调整和改善。实际上,实现这样的目标是高贵建筑的唯一真正的用途或者骄傲。接受或者放弃这一目标,它决定着未来英格兰的城市,是会变成一个比过去浪费成风,像狼人居住似的更混乱、更可怕的废墟的样子,还是会通过净化和提升他们自己,成为真正的人类居住的样子,即墙壁是安全牢固的,大门是优雅得体的。

建筑还有第三种伟大的服务特性,那就是为国家提供一种不可估量的"城市市容规划"的服务。建筑艺术从来都不满足于单一设计的建筑物。城市发展无论到哪一步,建筑师都要努力为城市设计漂亮的建筑,而且还要使这些建筑以最好的方式来进行布局。所以,城市建设的设计渐渐地上升为一种艺术的表达方式。如此一来,凯撒大帝修建了古罗马广场,随后使城市的道路被修建得很直,拓宽并延长了街道的长度。几个世纪后,亨利四世在巴黎建造了英国皇家宫殿,树立了一个榜样。从此,他的继任者们也都跟随他的理念,在首都城市开始兴建舒适而宜人的建筑,创造真正美丽的城市环境。1666 年的伦敦大火之后,克里斯托弗·雷恩爵士准备了一项宏伟的城市建筑规划,准备重新修建那些被焚毁的建筑,新建筑带有宽阔、精美的街道,庄严而华丽。不幸的是,这个规划没有被实施。

略显不同的是红衣主教黎塞留的例子。在 17 世纪上半叶,红衣主教黎塞留,让他的建筑师莫西埃为他设计一座完整的村庄建筑,并希望这座村庄能够与他的城堡相互连接起来。尽管这座村庄从未完工,但是,它仍然是城市综合规划的早期范例之一。黎塞留的这个设计要求过于独断专行,要想达到这个效果需要太多的财富和人力成本。但是,这表明了建筑从单栋建筑设计转向整体布局设计的发展趋势。

在华盛顿,也有一个早期的城镇规划的例子。但是,它有一种不同的观点。这种观点是由马若尔·L·昂方首次在他的城镇规划中提出的。他是一个非常有成就的法国人。在早期,华盛顿将军认识到拥有精心策划和布局的国家城市规划,具有巨大无比的社会价值。他很幸运,有法国人来帮助他推广这种城市设计。因为法国人在解决某些问题方面有着高超的技巧,比如关于重要建筑物的位置布局方面,以及远景和多样化效果的设计方面。

正是法国的这种精湛的建筑技巧使巴黎成为世界上最美丽的首都。每一位伟大的帝王君主以及政府政体,都在通过建筑师的努力,不断完善城市规划,设计新的街道,建造庄严的宫殿,以最好的效果布局漂亮的建筑物。全新的林荫大道,宏伟、壮丽的远景景观,就像从巴黎协和广场到美国的玛德莲教堂,或者从巴黎香榭丽舍大道到凯旋门,以及伟大的巴黎特罗卡迪罗广场,这些令人振奋的美丽建筑都是由高超的建筑技巧和卓越的建筑欣赏品味所带来的结果,都是由伟大而和谐的力量所赋予的。正是这种法国的建筑技巧和艺术欣赏品味,影响了欧洲无数城市的美化进程。从柏林(德国首都)到布加勒斯特(罗马尼亚首都),欧洲的城市面貌呈现出新的气象。

城市规划,说得更准确些就是指城市规划纯粹的实际情况。因此,它没有什么新鲜事物。但是,城市规划作为一门学科,有着它今天所具有的所有意义。文艺复兴时期,以及后来贯穿19世纪的大部分时期,美感和庄严感是城市美化者主要考虑的因素。在各个国家所做的城市改进中,有很多都带有个人主义色彩,甚至是个人的虚荣心。相比公民运动,这些城市的改进更倾向于个人主义。尽管现在城市呈现出的效果很漂亮,但是它们往往是当权者残酷压迫行为的间接结果,伴随着各种各样的丑闻和民众的公愤。例如,巴黎协和广场的建筑。在革命家们眼中,这座建筑很可能被看作是路易十四过度的奢侈生活的表现。他们所想到的更多的是可怕的税收,而不是对现代城市发展的祝福。那个时代的城市规划者以不惜一切代价的形式来追求美。

事实上,大量的美国人把早期的城市规划理念与现代的城市规划理念混为一谈了。这让他们对城市规划的益处和实际目标产生怀疑。他们认为,城市规划就意味着在不太宽阔的街道上放置许多圆柱式的不朽建筑,而这对他们毫无吸引力。他们认为要实现这一目标,就要背负严重的谴责,以及付出巨额税收的代价。现代城市规划所指向的仅仅是一个更清晰的概念,我们所需要做的是维持我们对城市规划的热情。

现代运动是社会化意识较有希望的结果之一。这不是一种以形式美为目的的不切实际的计划。这是一个涉及人类生活和事业各方面的问题。它是建立在我们所知道的最明智和最实用的科学原理基础之上的。今天的城市规划,就像最好的现代建筑一样,仅仅是为了解决现代城市所面对的所有实际的结构问题,并且是以最好和最美丽的方式来解决。它的目标是旨在逐步消除城市中,过去存在的许多缺陷,并且能够精心规划未来城市的发展,着眼于研究出城市沟通、供水、排水、选址和美观等多方面的方法,最终建造出一个健康、高效、美丽的城市。

在我们国家蓬勃发展的繁荣时期,美国的工业和商业发展迅猛,全国各地的城市都在兴起。但是,很少有人对城市规划问题进行深入的思考。城市的设计者只是设计、布置了一些纵横交错的街道,一切都是简单的直角形式。房地产推销商们尽其所能地抓住这些机会进行商业投机。因此,投机倒把和混乱现象是不可避免的。各种各样的建筑物到处都是,彼此之间也没有任何关联,每个土地所有者都随意地乱建各种建筑物,时尚和潮流从一座城市风靡到另一座城市。住宅区变成了商业区,商业区逐渐凋零甚至消失。工厂被建在那些适宜住宅项目开发的地方,激烈的商业投机和商业竞争根本没有任何秩序,也没有任何被认可的审核标准。这样一座混乱的城市,令人十分惊叹。然而,这是这个国家当时普遍存在的特点。在这样无政府、无秩序的状态下，房地产事业变成了一种值得怀疑的投资项目。因为房地产的价值会在短期内高速飙升，随即也会面临崩盘。商业和制造业的分散布局，使运输行业成为必不可少的必需条件，而这样的情况，其实是可以避免的。人们在日常工作和生活中，大量的时间和金钱都被无休止地浪费了。

此外，当城市的商业区和住宅区都被固定划分好后，美国的政策允许任何人用他的财产来做他想做的事。这一政策使所有人都可以在我们的城市里建造那些巨大的摩天大楼。这些建筑在财政预算上常常是不够健全的，因为他们中很少有人能够挣到足够多的收益，来平衡他们的成本。而且，这些建筑往往会大大增加街道的拥挤程度，那些巨大的摩天大楼也阻碍了街道的光线和空气，对城市交通枢纽也带来了不利的影响。

在当前的混乱中，美国城市的秩序正在开始逐渐形成和壮大。许多的城市成立了长期性的城市规划委员会，这些机构不断地寻找城市中需要改进的地方。他们通过交通普查来找出街道拥堵的实际情况，并努力找到相应的补救措施。他们推动各类住房和建筑改革，修建新的交通设施，以便更好地为整个城市服务。同时，他们还在规划全新的、着眼于未来的城市发展蓝图。他们一直在考虑规划新的公园绿地和相应的公园设施，以使城市的每一处都有绿色的环境和开阔的天空。他们正在努力满足孩子们大量的要求，为他们修建更多的游乐场所。此外，城市规划者对城市与外界的连接保持着敏锐的眼光。他们关注着铁路的位置，或者主要高速公路的位置，并尽力使生产区和批发市场能够与运输线的枢纽站联系起来。如果城市是在海上，或者是通航的河流、湖泊上，那么他们尝试着以最有效的方式发展港口设施，并将这些港口设施与铁路、仓库和商业市场联系起来。同时，他们还想出一些方法，使城市的居民能够享受海洋城市所特有的凉爽微风，并且还能给他们带来一种和平与宁静的城市氛围。总之,现代的城市规划关系到城市生活的方方面面,比如住房建设、供水系统、食品供应、排水系统、铁路运输、港口设施、娱乐、休闲、交通、街道、公园,等等。由此,我们当中的每一个人所享受的城市服务都源于城市规划师的努力贡献。

但是,人们永远不能忘记,建筑是一门艺术。城市规划永远不能忽视美学价值。所以,每一个问题都应该从一种双视角来进行考虑。优秀的城市规划师既不会忘记他的污水管道,也不会忘记他的风景和景观。无论是设计公园还是码头,他知道只有通过实用性和美观性二者相结合的方式,才会建设出理想的城市。

实际上,理想的城市已经开始出现了。我们的城市建设已经走出那些不成熟的过去,就像凤凰涅槃重生一般。但是,这项工作还是在悄然进行中,而且进展缓慢,因为我们保守民主主义的个人主义崇尚之风阻碍了它的发展。在这场城市规划运动中可以看到,这种个人主义只会对其自由发动攻击。尽管如此,城市规划还是已经取得了巨大的进步,并且证明了它的成功。开车环绕美国芝加哥的公园,人们会大开眼界,这里有喧闹快乐的游乐场,大规模的公园,以及绵延数英里的公园大道。即使是最冷静、镇定的观察者,也都会感到非常振奋和激动。所以,在美国波士顿逐渐发生变化的那些地方有芬威公园、查尔斯河流域、城市外围的大都市公园和大海滨区。这些地方的变化都有这场城市运动的痕迹,并且最终会遍及整个国家。辛辛那提、底特律、明尼阿波利斯、麦迪逊这些城市都开始意识到城市规划带来的众多益处。并且,这些地方的城市规划师,也开始努力实现一座城市所应该具有的真正理想状态。

美国城市以更快的速度、更大的规模来实现城市发展的事例,证明我们这么做是正确的。一些古老城市的创建者早就具备这种智慧,只是我们现在才开始注意到这一点。因为在他们的城市规划中,他们努力把自己所知道的关于城市所需要的一切都展现出来。例如,宾夕法尼亚大学最初对费城的城市规划。这所大学的学者提倡每隔五个或六个街区圈出一块公园绿地，因为他们意识到城市开放空间和绿地美化的价值。但是，这最终是一个悲剧。他们的规划和他们的理想很快就被人们遗忘了，这一点令人非常难以理解。同样奇怪和不幸的，还有马若尔·L·昂方对华盛顿的城市规划。他设计了辐射状的城市街道，有方形的，也有圆形的。但是，这样的规划，对于之后的街道设计没有产生什么影响，人们仍然置身于那些绵延数英里的、像跳棋盘似的街道上。一些街道被编上数字，另一些街道以同样的方式被编上字母，这样单调而枯燥的规划令人们感到极度的疲惫。而这样的城市也变成一个不具备多样性的、呆板的城市，同时也失去了城市真正自我个性表达的机会。甚至，波士顿那些奶牛所走的小径，都比林肯或者奥马哈市的格子状街道要好得多！

美国的理想城市在实现之前还有很长的路要走，但是我们很高兴看到已有开端。这里有三个主要的因素阻碍了它：一是大部分人仍然具有强烈的保守主义思想；二是人们拒绝接受"过度指责"的原则；三是我们城市中的大部分行政部门可悲的低效执行力。第一个因素会在对人们进行持续教育的影响下，逐渐被瓦解；第二个因素，其影响力度仍然很强大。通过过度指责的原则，如果一座城市想要有所改善，人们不仅可以指责改善所需要的土地，而且还会对其周围的其他地带加以指责，这些土地可能会被出售、租赁，或者在改进后以其他方式被实施发展。也就是说，它允许城市通过城市改善所产生的实际利润，来为城市的任何改进提供资金。同时，它也赋予城市一定的管辖权、裁判权，使其对城市建筑的特性和艺术风格有一定的影响。这种权利能让一座城市比我们的美国城市更有能力做到这一点。这也是欧洲城市规划，相比美国而言，能够取得巨大成就背后的秘密。在城市建设和城市规划中，令人惊讶的并不是美国落后于欧洲，而是没有这些巨大的资金和美学理念的援助下，美国的城市建设已经达到了他们的水平。

图 9-1　纽约市新政府大楼

　　城市规划中仍有一个小的特征,需要我们进行一些简单的考虑。这
个特征对我们许多建筑师来说可能是欠缺的,这就是城市建筑的和谐问
题。每位建筑师都热切希望设计这样一座城市建筑:这座建筑纯粹地满
足他自己的需求,满足他自己的艺术欣赏品味,以及满足他的客户的需
求。结果就是,我们美国城市的街道变得十分混乱:天空中出现锯齿状、
参差不齐的建筑线条和相互冲突的建筑结构。这种情况是城市建设规
划不明确的必然结果,因为没有人会花费金钱和时间,牺牲个人的心血
来让他的建筑与两边的建筑达到和谐共处的效果。人们只会拆毁他们
旁边的建筑,取而代之的是其他完全不同风格的建筑。只有在一个更健

全的城市体系中,通过限制建筑高度,或者限定被建造的建筑类型等方式,我们才可能保证某个特定区域的建筑特色,我们才可能更重视建筑相互之间的和谐问题。位于伦敦市中心西部地区的格鲁吉亚建筑,其正面庄严并带有半壁柱的美丽装饰,面对着安静的广场,给人带来一种令人愉快的宁静和安详感。美国的一些地方,比如长岛的森林山花园,或者巴尔的摩、费城的一些较新的郊区,就是因为建筑之间有一种明确的和谐性,这种和谐性保证了建筑长久的艺术景致。

这是一个非常罕见的关于其与邻近建筑物和谐一致的实例。左边的房屋建筑通过使用宁静的、光滑而平整的表面设计,向右边教堂建筑的过渡,以此达到建筑之间相互的协调。

这种和谐效果带来的震撼美感,以及巨大的艺术价值,是我们无法想象的。纽约市新政府大楼是达成建筑之间和谐效果的成功例证。这座建筑的左边是装饰繁茂的弗朗西斯一世风格,右边是强烈的哥特式风格的教堂。这座办公大楼的设计者可能在一开始就已经准备放弃这项任务了,但最终他还是坚持设计出这一建筑作品。这座建筑不仅自身美观,而且与两侧不同风格的建筑和谐共处。这是一项试验,它的成功,证明了它所获得的是更多的模仿。而且,我们还亏欠了业主和建筑师大量的信任,因为他们意识到,城市建设的真正责任会以一种不寻常的方式来完成。他们的建筑作品表明,至少在某种程度上他们已经具有公民意识。

建筑是人们真实的生活,体现了人们意识的社会化,这是当今建筑一个显著的事实。建筑不仅反映了这场城市规划的运动,而且以三种不同的方式为这一运动提供了独特的服务。建筑已经能够满足人们的实际需求。建筑已经能够给我们提供,比我们所知道的更美好、更优质的理想城市环境。建筑创造出无数有形的、可触摸的美,丰富了人们的生活。土木工程学能够为我们建造各种工厂、学校和教堂,公共卫生学能够使我们保持身体健康，绘画、雕塑和音乐，能够给我们带来深入内心的愉悦美感。但是，建筑艺术能够融合土木工程学、公共卫生学以及美学所有丰富的历史遗产，并且能够将这些历史遗产以高尚的建筑，以及城市规划的形式表现出来，带给人们永久的精神享受和鼓舞。

结束语

　　通读完这本书，你会回忆起"建筑是一种情感艺术"的语句，而且这样的语句在文中多次被提到。人们永远要记住这一点，因为建筑艺术在很大程度上是一种更无形、更模糊的情感。它自身带有一种强烈的诱导，这种诱导使人们仅仅把它当作纯粹的、理性的东西，完全忘记它情感上具有的吸引力。任何这样的态度最好避免，因为它会导致对建筑欣赏的最好的一面是片面的，而真正的欣赏从来就不是这样的。真正懂得欣赏建筑的人，只有对它充满热情，才会对它进行研究，并且他们自身会带有敏锐的天性和善于接纳的胸怀。他们既不能对建筑艺术的理性方面视而不见，也不能对建筑艺术的情感方面视而不见。他们在考虑建筑结构、建筑规划以及抽象美感的同时，也应该对建筑艺术可能带来的强烈情感信息，保持一种警觉的态度。这种态度的价值不仅仅是个人的，因为它必然会对大众艺术欣赏的标准做出反应，并且最终会影响到建筑本身的艺术。而且，带有这种深思熟虑、敏感而警觉的态度的人数量越多，建筑艺术重新发光的那天就会越早到来。